動物《どうぶつ》たちのハローワーク

Hello Work

ANIMAL Profession CATALOG

新宅広二《しんたくこうじ》著《ちょ》
イシダコウ絵《え》

辰巳出版

はじめに

〝仕《し》事《ごと》〟

って、何《なん》のためにするのでしょう？　人《にん》間《げん》にとって難《むずか》しい問《と》いですが、野《や》生《せい》動《どう》物《ぶつ》をあてはめてみると、その答《こた》えが見《み》えてきます。

動《どう》物《ぶつ》にとっては〝生《い》きること〟そのものが仕《し》事《ごと》です。生《い》きるために、栄《えい》養《よう》のあるごはんを食《た》べて、住《す》みやすい場《ば》所《しょ》を探《さが》し、仲《なか》間《ま》や結《けっ》婚《こん》相《あい》手《て》と過《す》ごし、子《こ》育《そだ》てをして、ひとりで死《し》んでいく……。動《どう》物《ぶつ》たちは、そんな仕《し》事《ごと》をしています。その長《なが》い仕《し》事《ごと》の中《なか》で、苦《にが》手《て》なことにチャレンジしたり、自《じ》分《ぶん》の得《とく》意《い》分《ぶん》野《や》を見《み》つけたりしながら、失《しっ》敗《ぱい》や成《せい》功《こう》をくり返《かえ》すのです。

人《にん》間《げん》はいつの間《ま》にか、仕《し》事《ごと》と生《い》きることを分《わ》けて考《かんが》えるようになりました。その代《か》わり、働《はたら》けなくなった人《ひと》まで生《い》きていけるような仕《し》組《く》みをつくったのです。だから時《とき》々《どき》何《なん》のために働《はたら》いているのか見《み》失《うしな》うことがありますが、そんな

ときは、働《はたら》くことが自分《じぶん》の給料《きゅうりょう》のためだけではなく、どこかの誰《だれ》かの役《やく》に立《た》っていたり、誰《だれ》かを幸《しあわ》せにしていたりすることを想像《そうぞう》してみましょう。

野生動物《やせいどうぶつ》のユニークな生態《せいたい》をながめていると、ふと人《にん》間《げん》の仕事《しごと》の魅力《みりょく》や苦労《くろう》と、何《なん》だかよく似《に》ている気《き》がしました。そこでこの本《ほん》では、私《わたし》が知《し》っている動物《どうぶつ》たちの生態《せいたい》のイメージを、人間《にんげん》の仕事《しごと》になぞらえて、勝手《かって》に動物《どうぶつ》たちを擬人化《ぎじんか》して、少々《しょうしょう》悪《わる》ふざけしてみました。この本《ほん》を通《とお》して、将来《しょうらい》やってみたいと思《おも》うような興味《きょうみ》のある仕事《しごと》が見《み》つかれば、これ幸《さいわ》いです。

動物《どうぶつ》の1番《ばん》を決《き》められないのと同《おな》じように、仕事《しごと》にも優《ゆう》劣《れつ》はありません。自分《じぶん》の仕事《しごと》に魅力《みりょく》を見出《みいだ》せるかどうかは、自分次第《じぶんしだい》なのです。

新宅広二《しんたくこうじ》

ようこそ!

どうぶつお仕事《しごと》ワールド

ヒトの社会《しゃかい》は仕事《しごと》でできている

世《よ》の中《なか》には、いろいろな仕事《しごと》があります。農家《のうか》がお米《こめ》や野菜《やさい》をつくってくれるから、私《わたし》たちはご飯《はん》が食《た》べられます。電車《でんしゃ》をつくったり、運転《うんてん》したりしてくれる人《ひと》がいるから、私《わたし》たちは遠《とお》くに行《い》くことができます。

仕事《しごと》をすることは、誰《だれ》かの役《やく》に立《た》つこと。みんなで、手分《てわ》けをして、いろいろな仕事《しごと》をすることで、ヒトの社会《しゃかい》はつくられています。

仕事《しごと》をしたいと思《おも》ったら、まずは「就職活動《しゅうしょくかつどう》」をする必要《ひつよう》があります（下段《げだん》の「就職活動《しゅうしょくかつどう》のながれ」を確認《かくにん》してみましょう）。

就職活動《しゅうしょくかつどう》のながれ

仕事《しごと》につくことを「就職《しゅうしょく》」といいます。会社《かいしゃ》に就《しゅう》職《しょく》するためには、次《つぎ》のような手順《てじゅん》が必要《ひつよう》です。

❶ お仕事《しごと》チェック

ウェブサイトや雑誌《ざっし》などで会社《かいしゃ》がだしている「求人《きゅうじん》」をさがします。仕事《しごと》を紹《しょう》介《かい》してくれるハローワークという場所《ばしょ》もあります。

ウェブサイト

雑誌《ざっし》

ハローワーク

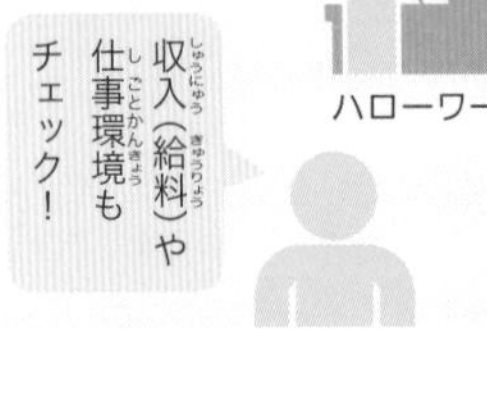

❷ 求職者《きゅうしょくしゃ》の情報《じょうほう》を送《おく》る

仕事《しごと》を探《さが》す人《ひと》を「求職者《きゅうしょくしゃ》」といいます。仕事《しごと》をしたいと思《おも》った理由《りゆう》や自己《じこ》PR《ピーアール》を書《か》く「エントリーシート」、名前《なまえ》や学歴《がくれき》などを書《か》いた「履歴書《りれきしょ》」を、会社《かいしゃ》やお店《みせ》に送《おく》ります。

エントリーシート

履歴書《りれきしょ》

もしも動物《どうぶつ》たちが、「就職活動《しゅうしょくかつどう》」をしたら？

　就職活動《しゅうしょくかつどう》では、会社《かいしゃ》に「この人《ひと》がほしい」と思《おも》ってもらえるように、履歴書《りれきしょ》や面接《めんせつ》を通《とお》して自分《じぶん》をアピールします。

　しかし、これはなかなか難《むずか》しいことです。相手《あいて》に自分《じぶん》の本当《ほんとう》の良《よ》さを伝《つた》えるのは、書類《しょるい》や数分《すうふん》の面接《めんせつ》だけでは困難《こんなん》です。

　さて、そんな就職活動《しゅうしょくかつどう》を、動物《どうぶつ》たちが行《おこな》ったら？　動物《どうぶつ》は、それぞれの特技《とくぎ》を駆使《くし》して大奮闘《だいふんとう》、自分《じぶん》の天職《てんしょく》にたどりつけるでしょうか？

　さあ、「どうぶつお仕事《しごと》ワールド」の幕開《まくあ》けです。

さっそく
いってみよう！

③ 採用《さいよう》テスト

世《よ》の中《なか》のことや勉強《べんきょう》がどれくらいできるかのテストをしたり（筆記試験《ひっきしけん》）、会社《かいしゃ》の人《ひと》と直接話《ちょくせつはなし》をしたりします（面接《めんせつ》）。

採用担当者《さいようたんとうしゃ》
私《わたし》の志望動機《しぼうどうき》は……
求職者《きゅうしょくしゃ》

④ 採用《さいよう》 or 不採用《ふさいよう》

採用《さいよう》されると、会社《かいしゃ》やお店《みせ》の一員《いちいん》として仕事《しごと》ができます。不採用《ふさいよう》だと、仕事《しごと》ができません。

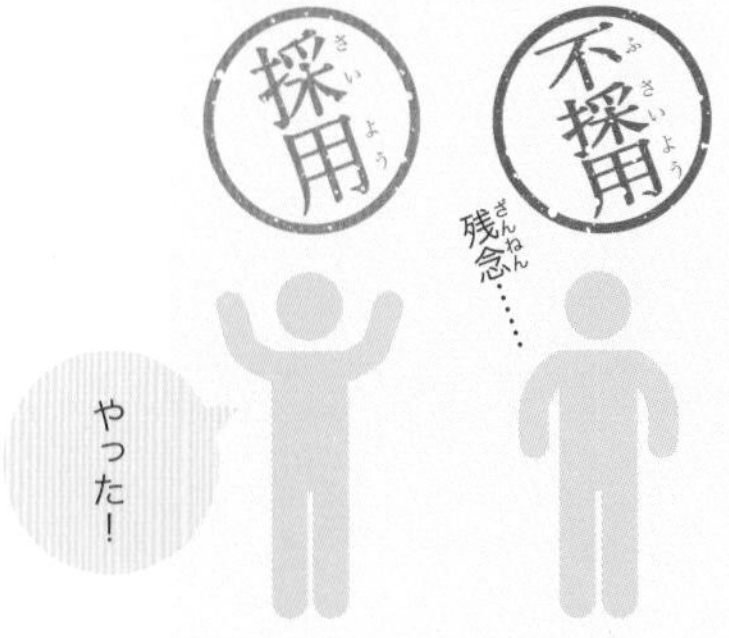
採用《さいよう》
不採用《ふさいよう》
残念《ざんねん》……
やった！

もくじ

はじめに……2

ようこそ！　どうぶつお仕事《しごと》ワールド……4

この本《ほん》の楽《たの》しみ方……22

どうぶつ就職《しゅうしょく》ジャーナル

巻頭特集《かんとうとくしゅう》……10

超氷河期到来《ちょうひょうがきとうらい》!?

就職戦線《しゅうしょくせんせん》　生《い》き残《のこ》りのカギは？

動物《どうぶつ》ブラック企業《きぎょう》の実態《じったい》をあばく！……70

闇企業《やみきぎょう》　サムライアリ

突撃《とつげき》！　会社訪問《かいしゃほうもん》……88

PART《パート》1　総合商社《そうごうしょうしゃ》　ハダカデバネズミ

PART《パート》2　食品《しょくひん》メーカー　ミツバチ

PART《パート》3　ゼネコン　シャカイハタオリ

第《だい》1章《しょう》　食《た》べ物《もの》にまつわる仕事《しごと》……23

農業《のうぎょう》―ハキリアリ……24

漁業《ぎょぎょう》―カワゴンドウ……26

酪農《らくのう》・畜産《ちくさん》―ミルクヘビ……28

調理師《ちょうりし》―ヒグマ……30

管理栄養士《かんりえいようし》―フラミンゴ……32

飲食店経営《いんしょくてんけいえい》―ハクビシン……34

第2章　物《もの》をつくる仕事《しごと》……39

建設業《けんせつぎょう》―ビーバー……40

インテリアコーディネーター―ニワシドリ……42

IT《アイティー》サービス―グンカンドリ……44

システムエンジニア・プログラマー―ダンゴムシ……46

製造業《せいぞうぎょう》（住宅《じゅうたく》）―サザエ……48

第《だい》3章《しょう》 おしゃれにまつわる仕事《しごと》……53

ファッションモデル―タンビカンザシフウチョウ……54
ファッションデザイナー―キジオライチョウ……56
理容師《りようし》・美容師《びようし》―ラッコ……58
ヘアメイクアーティスト―ワタボウシタマリン……60
ネイルアーティスト―ラーテル……62
ジュエリーデザイナー―カワセミ……64
調香師《ちょうこうし》―ジャコウネコ……66
フラワーデザイナー―ハナカマキリ……68

第《だい》4章《しょう》 芸術《げいじゅつ》・表現《ひょうげん》にまつわる仕事《しごと》……75

編集者《へんしゅうしゃ》・ライター―ヤギ……76
脚本家《きゃくほんか》―オオカミ……78
広告代理店《こうこくだいりてん》―ニホンザル……80
カメラマン―デメニギス……82
イラストレーター―アマミホシゾラフグ……84
陶芸家《とうげいか》―トックリバチ……86

第《だい》5章《しょう》 テレビ・ラジオ・映画《えいが》にまつわる仕事《しごと》……93

テレビ局《きょく》―ワカケホンセイインコ……94
ラジオ局《きょく》―ヒバリ……96
アナウンサー―ハシビロコウ……98

お笑《わら》い芸人《げいにん》—ブチハイエナ……100
歌手《かしゅ》・ミュージシャン—ザトウクジラ……102
芸能《げいのう》マネジャー—マイコドリ……104
俳優《はいゆう》—タテガミオオカミ……106
ダンサー—エリマキシギ……108

第《だい》6章《しょう》 くらしを守《まも》る・支《ささ》える仕事《しごと》……113

消防士《しょうぼうし》—シロサイ……114
警察官《けいさつかん》—シェパード……116
自衛隊《じえいたい》—グンタイアリ……118
政治家《せいじか》—チンパンジー……120
裁判官《さいばんかん》—キジ……122
公務員《こうむいん》—ミツバチ……124
教師《きょうし》—ライオン……126
保育士《ほいくし》・幼稚園教諭《ようちえんきょうゆ》—コウテイペンギン……128
清掃業《せいそうぎょう》—トラ……130

第《だい》7章《しょう》 自然《しぜん》や科学《かがく》・生物《せいぶつ》にまつわる仕事《しごと》……135

アクティブ・レンジャー（自然保護官補佐《しぜんほごかんほさ》）—カラス……136
科学者《かがくしゃ》・数学者《すうがくしゃ》—コガネグモ……138
地質調査員《ちしつちょうさいん》—ツチブタ……140
気象予報士《きしょうよほうし》—アマガエル……142
冒険家《ぼうけんか》—バイカルアザラシ……144

第《だい》8章《しょう》 サービス・サポートする仕事《しごと》……149

ホテル業《ぎょう》—オオアルマジロ……150
マッサージ師《し》・エステティシャン—マヌルネコ……152
旅行代理店《りょこうだいりてん》—スズガモ……154

金融業《きんゆうぎょう》―ナキウサギ……156
ブライダルコーディネーター―イルカ……158
葬祭業《そうさいぎょう》―シデムシ……160
運転士《うんてんし》（電車《でんしゃ》）―アカゲザル……162
パイロット―アマツバメ……164
販売員《はんばいいん》―リス……166
運送業《うんそうぎょう》―オトシブミ……168
アスレチックトレーナー―テナガザル……170

第《だい》9章《しょう》 我《わ》が道《みち》をゆく仕事《しごと》……175
ギャンブラー・カジノディーラー―ナイルワニ……176
ホスト・ホステス―ゴリラ……178
エッチな仕事《しごと》―ボノボ……180
殺《ころ》し屋《や》―テッポウウオ……182
ボランティア―オナガ……184

インデックス……189

column《コラム》

動物《どうぶつ》コラム1 好《す》きなことを仕事《しごと》にする……36
動物《どうぶつ》コラム2 就職活動《しゅうしょくかつどう》Q&A《キューアンドエー》……50
動物《どうぶつ》コラム3 就職動物座談会《しゅうしょくどうぶつざだんかい》ぶっちゃけトーク……110
動物《どうぶつ》コラム4 就職《しゅうしょく》に有利《ゆうり》な資格《しかく》……132
動物《どうぶつ》コラム5 偉業《いぎょう》をなした動物《どうぶつ》たち……146
動物《どうぶつ》コラム6 動物《どうぶつ》アスリートの世界《せかい》……172
動物《どうぶつ》コラム7 動物《どうぶつ》たちの働《はたら》き方改革《かたかいかく》……186

どうぶつ就職《しゅうしょく》
ジャーナル

超《ちょう》氷《ひょう》河《が》期《き》到《とう》来《らい》!?
就職戦線《しゅうしょくせんせん》
生《い》き残《のこ》りのカギは？

まさかの就職率過去最低《しゅうしょくりつかこさいてい》！ 就職戦線最前線《しゅうしょくせんせんさいぜんせん》

来春卒業《らいしゅんそつぎょう》の学生《がくせい》の間《あいだ》で、早《はや》くも水面下《すいめんか》で就活《しゅうかつ》（就職活動《しゅうしょくかつどう》）が始《はじ》まっています。

大学《だいがく》４年生《ねんせい》のウサギさんは「私《わたし》は留年《りゅうねん》していますが、まだぜんぜん余裕《よゆう》でしょう」と回《かい》答《とう》、同《おな》じく大学《だいがく》４年生《ねんせい》のカメさんは「僕《ぼく》は３歳《さい》から将来《しょうらい》に向《む》けてコツコツ準備《じゅんび》しているので万全《ばんぜん》です」など、様々《さまざま》な声《こえ》が巷《ちまた》で聞《き》かれます。

意識調査《いしきちょうさ》によると、79.4%《パーセント》の動物《どうぶつ》たちが今年《ことし》の就職戦線《しゅうしょくせんせん》は非常《ひじょう》に厳《きび》しくなると回答《かいとう》しています。長引《ながび》く不景気《ふけいき》で過去最低《かこさいてい》の就職率《しゅうしょくりつ》に加《くわ》えて、気候変動《きこうへんどう》による環境変化《かんきょうへんか》、世《せ》界的《かいてき》な疫病《えきびょう》の蔓延《まんえん》、オリン

ピック延期《えんき》などで内定《ないてい》取《と》り消《け》し者《しゃ》も続出《ぞくしゅつ》し、まさに泣《な》きっ面《つら》にオオスズメバチ。就職希望《しゅうしょくきぼう》者《しゃ》にとっては、〝就職《しゅうしょく》氷河期《ひょうがき》〟といわれています。

激《はげ》しい競争《きょうそう》をするマンボウの就活生《しゅうかつせい》

就職氷河期《しゅうしょくひょうがき》の影響《えいきょう》は、海《うみ》の中《なか》にも広《ひろ》がっています。マンボウさんは、同《おな》じ母親《ははおや》から同《おな》じ日《ひ》に生《う》まれた自分《じぶん》の兄弟《きょうだい》姉妹《しまい》が3億匹《おくひき》おり、身内《みうち》での激《はげ》しい競争《きょうそう》は、まるで受験戦争《じゅけんせんそう》そのもの。それを勝《か》ち抜《ぬ》き、適齢期《てきれいき》には、1匹《ぴき》のメスをめぐり、オスたちが激《はげ》しい競争《きょうそう》を繰《く》り広《ひろ》げ、まさに就活《しゅうかつ》さながらです。

直撃《ちょくげき》インタビュー

本当《ほんとう》の氷河期《ひょうがき》を生《い》き抜《ぬ》いたジャコウウシ先輩《せんぱい》に聞《き》く

ジャコウウシ先輩《せんぱい》

僕《ぼく》は自分《じぶん》では特《とく》に就職《しゅうしょく》のための準備《じゅんび》は何《なに》もしていませんでした。たまたま氷河期《ひょうがき》に強《つよ》かったので、2万年前《まんねんまえ》の氷河期絶滅《ひょうがきぜつめつ》も乗《の》り越《こ》えられて、今回《こんかい》の就職氷河期《しゅうしょくひょうがき》も余裕《よゆう》で乗《の》り越《こ》えられました。世《よ》の中《なか》、何《なん》でみんな焦《あせ》っているのか僕《ぼく》には理解《りかい》できません。また僕《ぼく》の時代《じだい》が来《き》たなーって、モーうれしく思《おも》っています。

注目業界《ちゅうもくぎょうかい》の採用担当者《さいようたんとうしゃ》に聞《き》く

「こんな動物《どうぶつ》が今《いま》ほしい!」

今《いま》、若《わか》い動物《どうぶつ》たちの間《あいだ》で大注目《だいちゅうもく》の業界《ぎょうかい》の採用担当者《さいようたんとうしゃ》のホンネをズバリ大公開《だいこうかい》します!!

IT《アイティー》業界《ぎょうかい》

IT企業《アイティーきぎょう》
CEO《シーイーオー》 **グンカンドリ**

うちはトップ自《みずか》らが採用担当《さいようたんとう》。仕事《しごと》に昼《ひる》も夜《よる》もないので、寝《ね》ながら飛《と》べるくらいガッツがある動物《どうぶつ》が欲《ほ》しいですね。我々《われわれ》は他人《たにん》の獲物《えもの》を横取《よこど》りするのが得意《とくい》で、それくらい何《なん》でも食《た》べる貪欲《どんよく》さがある動物《どうぶつ》が大歓迎《だいかんげい》。成果重視《せいかじゅうし》なので、食事《しょくじ》や休憩《きゅうけい》は自由《じゆう》。希望《きぼう》ならテレワークも検討《けんとう》します。

広告業界《こうこくぎょうかい》

情報《じょうほう》やファッションに敏感《びんかん》な人《ひと》がいいですね。私《わたし》は顔《かお》やお尻《しり》が赤《あか》いのがイケてると思《おも》っています。

広告代理店《こうこくだいりてん》
営業部《えいぎょうぶ》 部長《ぶちょう》 兼《けん》
人事部《じんじぶ》 部長《ぶちょう》
ニホンザル

科学《かがく》・研究業界《けんきゅうぎょうかい》

就職《しゅうしょく》を無理数《むりすう》で考《かんが》えてはダメ。ABC《エービーシー》予想《よそう》で得《え》られるフェルマーの最終定理《さいしゅうていり》を拡張《かくちょう》して解《かい》を導《みちび》き出《だ》せばいいわけ。すなわち人生《じんせい》は有理数《ゆうりすう》の積分《せきぶん》だから。

大学教授《だいがくきょうじゅ》
コガネグモ

どうぶつ就職《しゅうしょく》ジャーナル

人気《にんき》の仕事《しごと》ランキング!

肉食系学生《にくしょくけいがくせい》人気《にんき》ランキング

1. 精肉業《せいにくぎょう》
2. 格闘家《かくとうか》
3. 焼《や》き肉店《にくてん》
4. ネイルアート
5. 養鶏業《ようけいぎょう》

草食系学生《そうしょくけいがくせい》人気《にんき》ランキング

1. 農業《のうぎょう》
2. 公務員《こうむいん》
3. 園芸《えんげい》
4. フラワーデザイナー
5. タピオカ店《てん》

今年《ことし》の学生就職人気《がくせいしゅうしょくにんき》ランキングも、肉食《にくしょく》と草食《そうしょく》でクッキリ分《わ》かれた。肉食系《にくしょくけい》は5年連続《ねんれんぞく》で精肉業《せいにくぎょう》が1位《い》。草食系《そうしょくけい》は昨年《さくねん》の公務員《こうむいん》から再《ふたた》び農業《のうぎょう》が1位《い》に返《かえ》り咲《ざ》いた。植物《しょくぶつ》が原料《げんりょう》のタピオカ店《てん》も草食女子学生《そうしょくじょしがくせい》の間《あいだ》で人気急上昇《にんききゅうじょうしょう》。

\\ 注目業種《ちゅうもくぎょうしゅ》ピックアップ! //

人気《にんき》YouTuber《ユーチューバー》コンドロクラディア・リラさん

コンドロクラディア・リラさんは、今人気《いまにんき》のYouTuber《ユーチューバー》として生計《せいけい》を立《た》てている。彼《かれ》は自分自身《じぶんじしん》の無名度《むめいど》を活《い》かして、朝起《あさお》きて寝《ね》るまでの深海《しんかい》の生活《せいかつ》を動画配信《どうがはいしん》して、1億再生回数《おくさいせいかいすう》を記録《きろく》し、CM《シーエム》出演《しゅつえん》のオファーもあるとか、無《な》いとか。

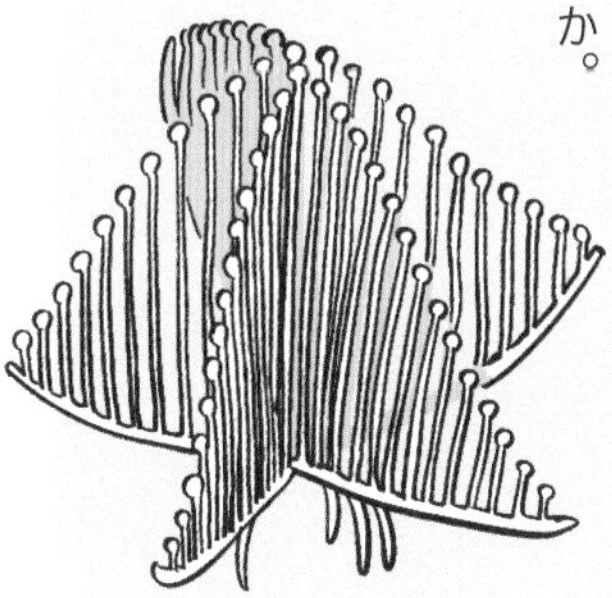

はたらき方《かた》、かえよう!

広告《こうこく》

地方《ちほう》で働《はたら》く!

都会《とかい》で働《はたら》くだけが就職《しゅうしょく》じゃない。
チャンスがグンと広《ひろ》がる
UJI《ユージェーアイ》ターンの学生大募集中《がくせいだいぼしゅうちゅう》!

合《ごう》・同《どう》・説《せつ》・明《めい》・会《かい》・開《かい》・催《さい》

日時《にちじ》 動和《どうわ》3年《ねん》6月《がつ》××日《にち》
会場《かいじょう》 どうぶつドーム
職種《しょくしゅ》 医療業界《いりょうぎょうかい》、建設業界《けんせつぎょうかい》、IT業界《アイティーぎょうかい》など多数《たすう》の注目企業《ちゅうもくきぎょう》が参加《さんか》

猿山広告社《さるやまこうこくしゃ》
電話《でんわ》 012×-×××-020
住所《じゅうしょ》 東京都港区《とうきょうとみなとく》

これで受《う》かる！ 面接《めんせつ》の秘訣《ひけつ》

面接《めんせつ》のプロから、就活生《しゅうかつせい》の皆《みな》さんに直接《ちょくせつ》、アドバイスをしてもらいます。

目《め》つき

警察官《けいさつかん》 パグ

目線《めせん》はとても大《たい》切《せつ》、面接官《めんせつかん》の目《め》をしっかりと見《み》て話《はな》しましょう。カメレオンさんは、どこを見《み》ているのかわからないことがあるので面接《めんせつ》では気《き》をつけてください。ゴリラさんも相手《あいて》の目《め》を見《み》ないので印象《いんしょう》がマイナスになりそう。堂々《どうどう》と相手《あいて》の目《め》を見《み》て話《はな》すようにしてください。

身《み》だしなみ

ファッションデザイナー キジオライイチョウ

服装《ふくそう》の乱《みだ》れは心《こころ》の乱《みだ》れです。ホッキョクギツネさんの冬服《ふゆふく》は、真《ま》っ白《しろ》で清《せい》潔感《けっかん》があって良《よ》いです。ナマケグマさんは、寝起《ねお》き感《かん》がちょっとヒドいので気《き》をつけてください。オランウータンさんはそれ、地毛《じげ》ですか？ 茶髪《ちゃぱつ》に見《み》えるので、面接前《めんせつまえ》に黒《くろ》く染《そ》めていくこと。

態度《たいど》

アナウンサー ハシビロコウ

態度《たいど》は入室時《にゅうしつじ》から面接官《めんせつかん》に見《み》られています。アマガエルさんは、いつも姿《し》勢《せい》が良《よ》く落《お》ち着《つ》いていて、挨《あい》拶《さつ》もハキハキしていて印象《いんしょう》がいいです。ス

ローロリスさんは、いつも眠《ねむ》そうでヤル気《き》が無《な》さそうな態《たい》度《ど》と自信《じしん》が無《な》さそうな目《め》つきなので、面接官《めんせつかん》の印象《いんしょう》が悪《わる》くなるでしょう。カンガルーさん、控室《ひかえしつ》で横《よこ》になってくつろぐのは駄目《だめ》ですよ。

！ 俳優《はいゆう》タテガミオオカミさんから面接《めんせつ》のアドバイス

オーディション（面接《めんせつ》）は、「この人《ひと》と仕事《しごと》したい」と思《おも》わせないといけない。恋愛《れんあい》のはじまりと一緒《いっしょ》なんだ。短《みじか》い面接時間《めんせつじかん》だけ、役者《やくしゃ》として演《えん》じてみろよ。

俳優《はいゆう》 タテガミオオカミ

履歴書《りれきしょ》の書《か》き方《かた》

！ 履歴書《りれきしょ》は就職活動《しゅうしょくかつどう》の第一歩《だいいっぽ》！

キツツキ

経歴《けいれき》
ロシア出身《しゅっしん》

前職《ぜんしょく》 新卒《しんそつ》（高専卒《こうせんそつ》）

長所《ちょうしょ》 ヘディング

短所《たんしょ》 フクロウが嫌《きら》いで、たとえ置《おき》物《もの》でも近寄《ちかよ》れない

志望動機《しぼうどうき》
御社《おんしゃ》が目指《めざ》す「自然《しぜん》との共存《きょうそん》」というコンセプトに共感《きょうかん》しました。私《わたし》の特技《とくぎ》は、1秒間《びょうかん》に20回前後《かいぜんご》の高速《こうそく》で、クチバシで木《き》をつついて穴《あな》をあけられること。頭《あたま》の中《なか》に超高性能《ちょうこうせいのう》の衝撃吸収《しょうげききゅうしゅう》システムがあるので、頭痛《ずつう》に悩《なや》まされることは一切《いっさい》ありませんので、ご心配《しんぱい》なく。

履歴書《りれきしょ》のお手本通《てほんどお》り書《か》くと、個性《こせい》が伝《つた》わらず、逆《ぎゃく》に個性《こせい》を強調《きょうちょう》しすぎると、面倒《めんどう》くさいヤツと思《おも》われる……。そのサジ加《か》減《げん》が難《むずか》しいよね。ラブレターと同《おな》じなので、自分《じぶん》がどれだけ魅力《みりょく》があるのか、そして相手《あいて》を自分《じぶん》はどれだけ好《す》きなのかという熱意《ねつい》がしっかり伝《つた》わらないと失敗《しっぱい》。文字《もじ》の丁寧《ていねい》さも、気持《きも》ちが伝《つた》わる大《だい》事《じ》なポイント。私《わたし》は漢字《かんじ》しか書《か》けないけどね。

履歴書《りれきしょ》アドバイザー
兼《けん》 YouTuber《ユーチューバー》
ジャイアントパンダ

こんな会社《かいしゃ》に要注意《ようちゅうい》！ ブラック企業《きぎょう》

体験動物《たいけんどうぶつ》の衝撃告白《しょうげきこくはく》

社畜《しゃちく》です！

仕事《しごと》が忙《いそが》しすぎて、婚期《こんき》を逃《のが》してしまいました。派《は》遣《けん》の仕事《しごと》はノルマ制《せい》で休《やす》み無《な》しでキツいのに、正社員《せいしゃいん》はしっかり休《やす》んで、スマホばかり見《み》ているのに、ボーナスも出《で》るなんて……。

クロヤマアリ

パワハラ

僕《ぼく》はダンサーになりたくて毎日《まいにち》6時間《じかん》練習《れんしゅう》してきたのに「のろま！」「ヤル気《き》あるのか？」と振付師《ふりつけし》が暴力《ぼうりょく》をふるうんです。僕《ぼく》の甲羅《こうら》は暴力《ぼうりょく》をふるわれても痛《いた》くもかゆくもありませんが。

ロシアリクガメ

ブラック企業《きぎょう》の見分《みわ》け方《かた》

会社説明《かいしゃせつめい》や求人票《きゅうじんひょう》からブラック企業《きぎょう》を見分《みわ》けるのは難《むずか》しい。逆《ぎゃく》にネットに「ブラック企業《きぎょう》」と書《か》き込《こ》まれていても異《こと》なるケースも。その例《れい》がカラスで、実際《じっさい》は仲間思《なかまおも》いで家族《かぞく》を大切《たいせつ》にする「ホワイト企業《きぎょう》」だが、風評被害《ふうひょうひがい》にあっている。信用《しんよう》できる筋《すじ》から、いろいろな情報《じょうほう》を集《あつ》める必要《ひつよう》があるだろう。

ブラック企業《きぎょう》アナリスト
サムライアリ

ブラック企業《きぎょう》の風評被害《ふうひょうひがい》はこちら

- カラス
- クロクマ
- クロヒョウ
- タスマニアデビル
- カラスアゲハ

未払《みばら》い！

コンビニで働《はたら》いていました。求《きゅう》人票《じんぴょう》には、お給《きゅう》料《りょう》は「月末《げつまつ》に全部《ぜんぶ》ドングリで支払《しはら》う」って書《か》いてあったのに、実際《じっさい》はイガ栗《ぐり》で支払《しはら》われて『話《はなし》が違《ちが》う！　ダマされた！』って思《おも》いました。だって、ほっぺにイガが刺《さ》さるじゃない。店長《てんちょう》に言《い》っても「栗《くり》の方《ほう》がドングリより高《たか》い」って言《い》うんですよぉ。ヒドくないですか？　今《いま》は、前《まえ》に森《もり》にためておいたドングリを取《と》りくずして生活《せいかつ》しています。

残業地獄《ざんぎょうじごく》

インターネットのサイトとかアプリとか、いろいろとつくっているシステムエンジニアやってます。働《はたら》き方改革《かたかいかく》で会社《かいしゃ》で残業《ざんぎょう》できなくなったので、仕事《しごと》が遅《おそ》い私《わたし》は就業時間内《しゅうぎょうじかんない》に仕事《しごと》が終《お》わらず、自宅《じたく》に仕事《しごと》を持《も》ち帰《かえ》っています。毎日超残業《まいにちちょうざんぎょう》ということになりますが給料《きゅうりょう》は同《おな》じ……。趣味《しゅみ》のゲームも、できなくて、もうストレスマックスですよ……。えっ、彼女《かのじょ》？　もちろんいません。いいかげん、転職《てんしょく》を考《かんが》えようかなぁ。

広告《こうこく》

「退職代行《たいしょくだいこう》」ならおまかせ！

即日《そくじつ》
退職《たいしょく》OK《オーケー》

あなたの代《か》わりに、退職手続《たいしょくてつづ》きを行《おこな》います。ブラック企業《きぎょう》とはもうおさらば！

相談料《そうだんりょう》・着手金《ちゃくしゅきん》0円《えん》

ホームページを今《いま》すぐチェック！
http://www.×××.com

ベンガル弁護士事務所《べんごしじむしょ》
電話《でんわ》 012×-×××-333
住所《じゅうしょ》 インドの森林地帯《しんりんちたい》

安心《あんしん》のホワイト企業《きぎょう》はこちら

- ホッキョクグマ
- ベルーガ
- シロフクロウ
- モンシロチョウ
- ハクチョウ

転職《てんしょく》したい人《ひと》 必見《ひっけん》！
成功《せいこう》・失敗体験談《しっぱいたいけんだん》

転職
残留

転職《てんしょく》の成功《せいこう》・失敗事例《しっぱいじれい》を紹介《しょうかい》。
先輩《せんぱい》たちの経験《けいけん》を参考《さんこう》にしてみよう！

ワライカワセミ

…って、ワライカワセミだったわ～
ウヒャホ
あはははは っ

採用《さいよう》

笑《わら》い上戸《じょうご》という短所《たんしょ》を長所《ちょうしょ》に変《か》えて転職《てんしょく》

ウチは害虫駆除《がいちゅうくじょ》業者《ぎょうしゃ》からアナウンサーに転《てん》職《しょく》しましたが、ニュース原稿《げんこう》を読《よ》んでいると、なぜかいつも笑《わら》ってしまうので依願退職《いがんたいしょく》。自《じ》分《ぶん》の短所《たんしょ》を長所《ちょうしょ》に活《い》かすべく、お笑《わら》い芸人《げいにん》に転向《てんこう》して大成功《だいせいこう》しました。

不採用《ふさいよう》

夢《ゆめ》のアートに挑戦《ちょうせん》するが趣味《しゅみ》に留《とど》めることに

星《ほし》を見《み》るのが好《す》きで天文《てんもん》学者《がくしゃ》になりましたが、アートも好《す》きで趣《しゅ》味《み》でやっていて、夢《ゆめ》を捨《す》てきれず転職《てんしょく》しようと思《おも》いましたが失敗《しっぱい》。アートは趣味《しゅみ》に留《とど》めておきます。

スターゲイザー

ブサイク言うな!!

採用《さいよう》

極道《ごくどう》での非日常経験《ひにちじょうけいけん》を脚本《きゃくほん》にして成功《せいこう》

前職《ぜんしょく》は反社会的組織《はんしゃかいてきそしき》（極《ごく》道《どう》）でしたが、きっぱり足《あし》を洗《あら》い、怖《こわ》がらせる才能《さいのう》を活《い》かして、ホラーの脚本作品《きゃくほんさくひん》を売《う》り込《こ》んだところ高《たか》い評価《ひょうか》を頂《いただ》けました。自分《じぶん》の才能《さいのう》に少《すこ》し驚《おどろ》いています。

シャチ

どうぶつ転職《てんしょく》の5カ条《じょう》

1. ケンカするな
2. 長所《ちょうしょ》を活《い》かせ
3. 季節《きせつ》を見極《みきわ》めろ
4. 仲間《なかま》を見《み》つけろ
5. 常《つね》に進化《しんか》しろ

新《あたら》しい環境《かんきょう》が良《よ》く見《み》えても、今《いま》の環境《かんきょう》の方《ほう》が安全《あんぜん》なことが多《おお》いもの。しかし、たった一度《いちど》の人生《じんせい》、新《あたら》しい世界《せかい》にチャレンジするのも悪《わる》くない。仕事《しごと》や転職《てんしょく》の失敗《しっぱい》は進《しん》化《か》の証《あかし》で、得《え》る物多《ものおお》し。転職成功率《てんしょくせいこうりつ》は10割目指《わりめざ》すな、3割目指《わりめざ》せ！

キャリア
アドバイザー
サーバル

不採用《ふさいよう》

ハングレ集団《しゅうだん》リーダーがネイルに興味《きょうみ》を持《も》つが……

オレは雪国生《ゆきぐにう》まれの動物園《どうぶつえん》育《そだ》ち、この街《まち》でフリースタイル・ワルやってきた。ネイルの店《みせ》で心機一転《しんきいってん》、体験入店《たいけんにゅうてん》、自慢《じまん》のネイルを客《きゃく》に見《み》せたら、びっくり仰天《ぎょうてん》、逃《に》げ出《だ》した。面接《めんせつ》官《かん》に、ボコボコにDis《ディス》られ、ブサイクに不採用《ふさいよう》だぜ、イエー♪

クズリ

広告《こうこく》

即戦力《そくせんりょく》のあなたをスカウトします！

ヘッドハンターが直接交渉《ちょくせつこうしょう》！

高収入《こうしゅうにゅう》も夢《ゆめ》じゃない！

狙《ねら》った獲物《えもの》は逃《のが》さない！ ホームページから登録《とうろく》！

http://www.unometak@nome

あなたはこの仕事《しごと》がピッタリ！

動物《どうぶつ》ワーク・フローチャート

チャートをたどると、あなたに向《む》いているお仕事《しごと》がわかります！

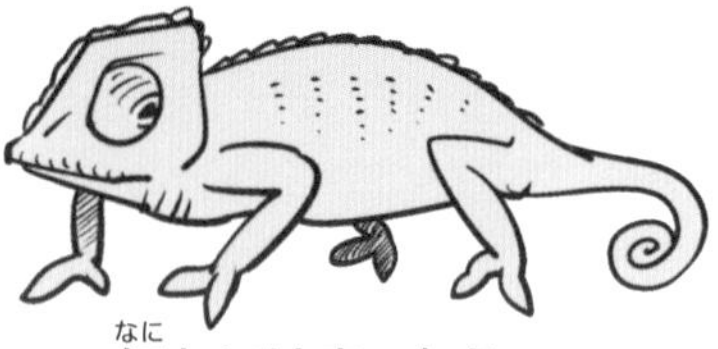

START

何《なに》かをするときは、

① カメのようにコツコツ慎重《しんちょう》に。

② ウサギのように突《つ》っ走《ぱし》る。

週末《しゅうまつ》の過《す》ごし方《かた》は、

① チンパンジーのようにシロアリを枝《えだ》で釣《つ》る（趣味《しゅみ》）。

② カンガルーのように寝転《ねころ》んでテレビ。

何《なに》かにはまったら、

① キリンのように冷静《れいせい》に坦々《たんたん》と続《つづ》ける（咀嚼《そしゃく》）。

② ハナカマキリのように情《じょう》熱的《ねつてき》で、冷《さ》めやすい。

人《ひと》と会《あ》うときは、

① インコのように自分《じぶん》の好《す》きな服《ふく》を着《き》る。

② カメレオンのように状況《じょうきょう》に合《あ》わせて変化《へんか》。

あなたの性格《せいかく》は、

① ワライカワセミのように誰《だれ》とでも話《はな》せる。

② カラスのように神経質《しんけいしつ》で気《き》をつかう。

お金《かね》が入《はい》ったら、

① リスのように貯金《ちょきん》、または、趣味《しゅみ》に投資《とうし》。

② クジャクのようにブランド品《ひん》で着飾《きかざ》る。

向《む》いている仕事《しごと》と、やりたい仕事《しごと》は、一致《いっち》しないことも多《おお》いよね
あと、そんなに寝《ね》てばっかでもないから

どれが
いいかな…

デートするなら、

❶クマのように花《はな》より団子《だんご》を楽《たの》しみたい。

❷ダンゴムシのように好《す》きなところに行《い》きたい。

恋《こい》をしたら、

❶ラッコのように毛《け》づくろいをする（外見《がいけん》をみがく）。

❷ヤギのように紙《かみ》を食《た》べる（本《ほん》を読《よ》み、内面《ないめん》をみがく）。

困《こま》っている人《ひと》がいたら、

❶ハシビロコウのように観察《かんさつ》する。

❷ボノボのように助《たす》ける。

遊《あそ》びに行《い》くなら、

❶バイカルアザラシのように大自然《だいしぜん》の中《なか》へ。

❷ジャイアントパンダのようにアミューズメント施設《しせつ》（遊《あそ》び場《ば》）で楽《たの》しむ。

第《だい》1章《しょう》 食《た》べ物《もの》にまつわる仕事《しごと》

第《だい》2章《しょう》 物《もの》をつくる仕事《しごと》

第《だい》3章《しょう》 おしゃれにまつわる仕事《しごと》

第《だい》4章《しょう》 芸術《げいじゅつ》・表現《ひょうげん》にまつわる仕事《しごと》

第《だい》5章《しょう》 テレビ・ラジオ・映画《えいが》にまつわる仕事《しごと》

第《だい》6章《しょう》 くらしを守《まも》る・支《ささ》える仕事《しごと》

第《だい》7章《しょう》 自然《しぜん》や科学《かがく》・生物《せいぶつ》にまつわる仕事《しごと》

第《だい》8章《しょう》 サービス・サポートする仕事《しごと》

第《だい》9章《しょう》 我《わ》が道《みち》をゆく仕事《しごと》

この本《ほん》の楽《たの》しみ方《かた》

1 お仕事《しごと》チェック！

はたらく人《ひと》を募集《ぼしゅう》する企業《きぎょう》や動物《どうぶつ》の情報《じょうほう》がわかります。

2 履歴書《りれきしょ》

仕事《しごと》を探《さが》している動《どう》物《ぶつ》（求職者《きゅうしょくしゃ》）の情《じょう》報《ほう》です。

お仕事名《しごとめい》

仕事《しごと》や業界《ぎょうかい》の名称《めいしょう》です。

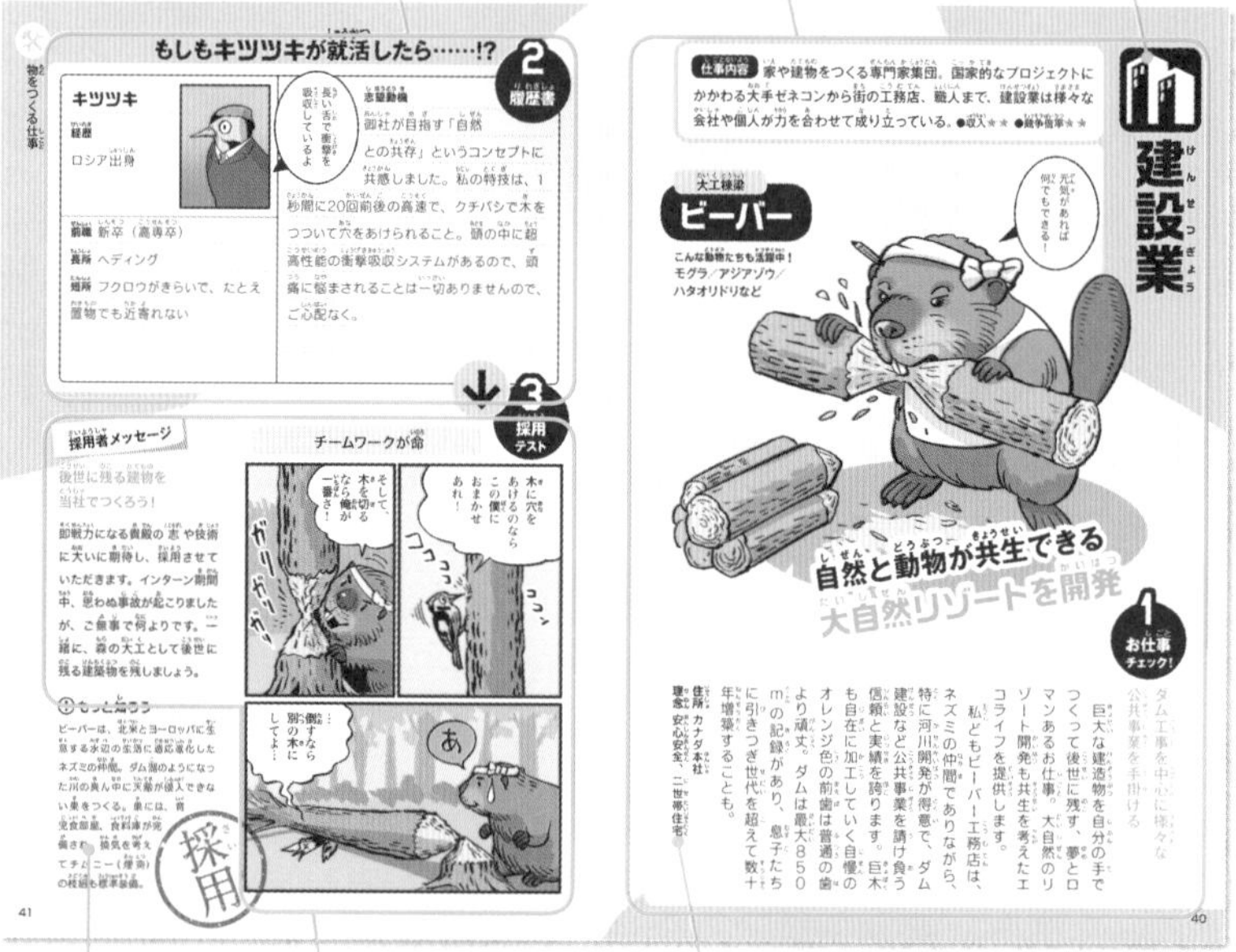

建設業
仕事内容 家や建物をつくる専門家集団。国家的なプロジェクトにかかわる大手ゼネコンから街の工務店、職人まで、建設業は様々な会社や個人が力を合わせて成り立っている。●収入★★ ●競争倍率★★
大工棟梁
ビーバー
こんな動物たちも活躍中！
モグラ／アジアゾウ／ハタオリドリなど
元気があれば何でもできる！
自然と動物が共生できる
大自然リゾートを開発
1 お仕事チェック！
ダムエ事を中心に様々な公共事業を手掛ける
巨大な建造物を自分の手でつくって後世に残す、夢とロマンあるお仕事。大自然のリゾート開発も共生を考えたエコライフを提供します。
私どもビーバー工務店は、ネズミの仲間でありながら、特に河川開発が得意で、ダム建設など公共事業を請け負う信頼と実績を誇ります。巨木も自在に加工していく自慢のオレンジ色の前歯は普通の歯より頑丈。ダムは最大850mの記録があり、息子たちに引きつぎ世代を超えて数十年増築することも。
住所 カナダ本社
理念 安心安全、二世帯住宅
40
もしもキツツキが就活したら……!?
2 履歴書
キツツキ
経歴
ロシア出身
長い舌で衝撃を吸収しているよ
前職 新卒（高専卒）
長所 ヘディング
短所 フクロウがきらいで、たとえ置物でも近寄れない
志望動機
御社が目指す「自然との共存」というコンセプトに共感しました。私の特技は、1秒間に20回前後の高速で、クチバシで木をつついて穴をあけられること。頭の中に超高性能の衝撃吸収システムがあるので、頭痛に悩まされることは一切ありませんので、ご心配なく。
3 採用テスト
採用者メッセージ
後世に残る建物を当社でつくろう！
即戦力になる貴殿の志や技術に大いに期待し、採用させていただきます。インターン期間中、思わぬ事故が起こりましたが、ご無事で何よりです。一緒に、森の大工として後世に残る建築物を残しましょう。
チームワークが命
木に穴をあけるのならこの僕におまかせあれ！
コココココ
コココン
そして、木を切るなら俺が一番さ！
ガリガリガリ
あ
…倒すなら別の木にしてよ…
もっと知ろう
採用
41

もっと知《し》ろう

動物《どうぶつ》たちのことを、さらにくわしく知《し》ることができます。

3 採用《さいよう》テスト

採用《さいよう》か、不採用《ふさいよう》かにまつわる情報《じょうほう》を、マンガや文章《ぶんしょう》で紹介《しょうかい》します。

住所《じゅうしょ》・理念《りねん》

本店《ほんてん》（原産国《げんさんこく》・固有種《こゆうしゅ》）や支店《してん》（広《ひろ》い生息域《せいそくいき》の一部《いちぶ》）の住所《じゅうしょ》と、会社《かいしゃ》の理念《りねん》を紹介《しょうかい》。

注意《ちゅうい》

この本《ほん》は、様々《さまざま》な動物《どうぶつ》たちの習性《しゅうせい》や特徴《とくちょう》に基《もと》づいて、就活《しゅうかつ》や仕《し》事《ごと》にチャレンジしてもらう仮想《かそう》の動物《どうぶつ》エンターテインメント本《ほん》です。実際《じっさい》には、動物《どうぶつ》が洋服《ようふく》を着《き》ることはなかったり、動物《どうぶつ》のサイズ感《かん》が違《ちが》ったりすることもありますが、おおらかな心《こころ》で楽《たの》しんでいただけたら幸《さいわ》いです。

よろしくどうぞ……

第《だい》1章《しょう》
食《た》べ物《もの》にまつわる仕《し》事《ごと》

農《の》業《うぎょう》

仕事内容《しごとないよう》 自然《しぜん》の中《なか》で、野菜《やさい》や果物《くだもの》などの農作物《のうさくぶつ》をつくる仕事《しごと》。それをサポートする種《たね》や苗《なえ》、農薬《のうやく》、農機《のうき》などを扱《あつか》う仕事《しごと》もある。ロボット技術《ぎじゅつ》や情報通信技術《じょうほうつうしんぎじゅつ》（ICT《アイシーティー》）にも注目《ちゅうもく》。●収入《しゅうにゅう》★ ●競争倍率《きょうそうばいりつ》★

農作物《のうさくぶつ》の世話《せわ》をする自然《しぜん》を操《あやつ》る専門家《せんもんか》

農家《のうか》

ハキリアリ

こんな動物《どうぶつ》たちも活躍中《かつやくちゅう》！
ヘラジカ／キクイムシ／テントウムシなど

1 お仕事《しごと》チェック！

100万匹《まんびき》のアリのため美味《おい》しいキノコを栽培《さいばい》！

大地《だいち》で動植物《どうしょくぶつ》を育《そだ》て食料《しょくりょう》をつくる、自然《しぜん》を操《あやつ》るスペシャリスト。雨《あめ》や気温《きおん》などの天候《てんこう》を読《よ》み、先々《さきざき》のことを計画的《けいかくてき》に考《かんが》えコツコツ世話《せわ》をします。収穫《しゅうかく》の楽《たの》しみや消費者《しょうひしゃ》の喜《よろこ》ぶ笑顔《えがお》は格別《かくべつ》です。

我《わ》が社《しゃ》では、自分《じぶん》の数十倍《すうじゅうばい》の大《おお》きさの葉《は》を切《き》り取《と》り、命《いのち》がけで巣《す》の中《なか》の地下《ちか》農場《のうじょう》に運《はこ》んで菌類《きんるい》（アリタケ）の苗床《なえどこ》としています。敵《てき》から巣《す》を守《まも》る大型《おおがた》の兵隊《へいたい》アリ、葉《は》を運《はこ》ぶ中型《ちゅうがた》のアリ、菌類《きんるい》を育《そだ》てる小《こ》型《がた》のアリと、役割分担《やくわりぶんたん》しながら働《はたら》いています。

住所《じゅうしょ》 中南米《ちゅうなんべい》の熱帯雨林《ねったいうりん》（支店《してん》）
理念《りねん》 農業《のうぎょう》は争《あらそ》いのない平和《へいわ》な仕事《しごと》

もしもクロソラスズメダイが就活《しゅうかつ》したら……!?

2 履歴書《りれきしょ》

クロソラスズメダイ

ぜひ海《うみ》にも進出《しんしゅつ》しましょう

経歴《けいれき》
琉球列島出身《りゅうきゅうれっとうしゅっしん》

前職《ぜんしょく》 海洋農業《かいようのうぎょう》

長所《ちょうしょ》 なわばり意識《いしき》がとても強《つよ》く、それを守《まも》るためにマジメに働《はたら》く

短所《たんしょ》 協調性《きょうちょうせい》がなく、ケンカっ早《ぱや》い

志望動機《しぼうどうき》
御社《おんしゃ》が生産《せいさん》する菌類《きんるい》（アリタケ）は世界的《せかいてき》に有名《ゆうめい》なブランドなので、ぜひ私《わたし》も社員《しゃいん》数《すう》100万匹《まんびき》の一流企業《いちりゅうきぎょう》で働《はたら》いてみたいと思《おも》い志望《しぼう》しました。私《わたし》はイトグサという海草《かいそう》（藻類《そうるい》）をサンゴの周辺《しゅうへん》で育《そだ》てることで有名《ゆうめい》になりましたので、その実績《じっせき》で、御社《おんしゃ》では即戦力《そくせんりょく》として働《はたら》けると思《おも》います。

3 採用《さいよう》テスト

相続問題《そうぞくもんだい》

よいしょ
よいしょ
イトグサ畑《ばたけ》で雑草《ざっそう》を除去《じょきょ》
コラッ
近寄《ちかよ》る他《ほか》の生物《せいぶつ》を追《お》い払《はら》う
我《わ》が人生《じんせい》はイトグサと共《とも》にあり！（共生《きょうせい》）
兄弟多《きょうだいおお》いし末《すえ》っ子《こ》の俺《おれ》は家業継《かぎょうつ》ぐの無理《むり》かな…

採用者《さいようしゃ》メッセージ

即戦力《そくせんりょく》を評価《ひょうか》
新規事業《しんきじぎょう》も視野《しや》に

海《うみ》から陸《りく》と環境《かんきょう》が大《おお》きく変《か》わりますが、若《わか》い力《ちから》を存分《ぞんぶん》に発《はっ》揮《き》してください。ご実家《じっか》の相続《そうぞく》問題《もんだい》の苦労話《くろうばなし》も心《こころ》に沁《し》みました。末《すえ》っ子《こ》ならではのバイタリティーで、新規事業《しんきじぎょう》も視野《しや》に入《い》れてがんばってください。

! もっと知《し》ろう

ハキリアリは、中南米《ちゅうなんべい》に生息《せいそく》するアリ。木《こ》の葉《は》を切《き》り取《と》り、巣《す》の中《なか》の畑《はたけ》スペースまで運《はこ》び、葉《は》は菌類《きんるい》を栽《さい》培《ばい》する養分《ようぶん》として使《つか》う。自分《じぶん》たちで育《そだ》てた菌類《きんるい》をエサとすることから、“農業《のうぎょう》をするアリ”と呼《よ》ばれている。

採《さい》用

漁業《ぎょぎょう》

仕事内容《しごとないよう》 海《うみ》で魚貝類《ぎょかいるい》を捕《と》ったり、養殖《ようしょく》したりする仕事《しごと》。環境《かんきょう》の変化《へんか》による不漁《ふりょう》や、若《わか》い人《ひと》の魚《さかな》ばなれなどの影響《えいきょう》で業界《ぎょうかい》は低迷《ていめい》。ただし、世界《せかい》の漁業《ぎょぎょう》の需要《じゅよう》は高《たか》まっている。●収入《しゅうにゅう》★ ●競争倍率《きょうそうばいりつ》★

うちらは追《お》い込《こ》み漁《りょう》が得意《とくい》だよ!

漁師《りょうし》
カワゴンドウ

こんな動物《どうぶつ》たちも活躍中《かつやくちゅう》!
ヒグマ/ペンギン/オットセイ/アオサギ/ウオクイコウモリなど

縦横無尽《じゅうおうむじん》に泳《およ》ぎ 命《いのち》をかけて 魚《さかな》を捕《と》る

1 お仕事《しごと》チェック!

伝統的《でんとうてき》な追《お》い込《こ》み漁《りょう》で今日《きょう》も大漁《たいりょう》を目指《めざ》す!

海《うみ》や川《かわ》で、魚介類《ぎょかいるい》を漁具《ぎょぐ》を使《つか》って食料《しょくりょう》として捕獲《ほかく》する仕事《しごと》。魚《さかな》との駆《か》け引《ひ》きはスリリングで頭《あたま》を使《つか》い、ゲーム要素《ようそ》満点《まんてん》! 魚《さかな》をゲットできた喜《よろこ》びは何度《なんど》味《あじ》わっても飽《あ》きません。

私《わたくし》たちカワゴンドウは伝統的《でんとうてき》に人間《にんげん》の漁師《りょうし》と協力《きょうりょく》して漁《りょう》をしますが、川《かわ》に生息《せいそく》するイルカの仲間《なかま》では珍《めずら》しく絶滅《ぜつめつ》危惧種《きぐしゅ》であり、漁《りょう》の後継者《こうけいしゃ》不足《そく》が悩《なや》みの種《たね》。独特《どくとく》の伝統漁《でんとうりょう》が途絶《とだ》えないよう、若《わか》いやる気《き》のある方《かた》を急募《きゅうぼ》します!

住所《じゅうしょ》 ミャンマー・エーヤワディー(イラワジ)川《がわ》(支店《してん》)
理念《りねん》 仕事《しごと》は楽《たの》しく、仲良《なかよ》く!

もしもササゴイが就活《しゅうかつ》したら……!?

2 履歴書《りれきしょ》

ササゴイ

私《わたし》は、子煩悩《こぼんのう》なんです

経歴《けいれき》
九州出身《きゅうしゅうしゅっしん》

前職《ぜんしょく》 プロアングラー（釣《つ》り人《びと》）

長所《ちょうしょ》 集中力《しゅうちゅうりょく》、忍耐力《にんたいりょく》

短所《たんしょ》 仕事《しごと》より家庭《かてい》が大事《だいじ》

志望動機《しぼうどうき》

東南《とうなん》アジアのエーヤワディー川《がわ》で、伝統的《でんとうてき》な漁《りょう》をやっているテレビ番組《ばんぐみ》を見《み》て、自分《じぶん》もやってみたいと思《おも》って志望《しぼう》しました。私《わたし》は御社《おんしゃ》のような追《お》い込《こ》み漁《りょう》をやった経験《けいけん》はありませんが、小石《こいし》や葉《は》っぱを水面《すいめん》に昆虫《こんちゅう》に見立《みた》てて落《お》として魚《さかな》が間違《まちが》って食《た》べに来《く》るルアー（疑似餌《ぎじえ》）使《づか》いでは、鳥類界《ちょうるいかい》ではちょっと知《し》られた存在《そんざい》です。

3 採用《さいよう》テスト

採用者《さいようしゃ》メッセージ

子《こ》どもは社会《しゃかい》の宝《たから》
弊社《へいしゃ》は全力《ぜんりょく》で支《ささ》えます

家族《かぞく》や子育《こそだ》てを大事《だいじ》にするところを評価《ひょうか》しました。我《わ》が社《しゃ》もできる限《かぎ》りバックアップし、働《はたら》きやすい環境《かんきょう》を整備《せいび》していきます。ぜひ後継者《こうけいしゃ》になれるように、がんばってください。

育児《いくじ》と仕事《しごと》の両立《りょうりつ》

今日《きょう》も大漁《たいりょう》だあ〜
そろそろ昼飯《ひるめし》にすっか〜
私《わたし》は、ちょっと用事《ようじ》が…
パタパタ
つきあい悪《わる》いな
いつもどこへ行《い》くんだ？
ほっこり……
いっぱい食《た》べてね〜！
ピー
ピー

！もっと知《し》ろう

カワゴンドウは、東南《とうなん》アジアの川《かわ》や海岸近《かいがんちか》くで暮《く》らす小型《こがた》のイルカの仲間《なかま》。ミャンマーのエーヤワディー川《がわ》では古《ふる》くから野生《やせい》のカワゴンドウが漁師《りょうし》の網漁《あみりょう》を手伝《てつだ》って魚《さかな》を追《お》い込《こ》むことが知《し》られている。

採用

仕事内容《しごとないよう》 乳牛《にゅうぎゅう》を育《そだ》て、牛乳《ぎゅうにゅう》を生産《せいさん》したり、チーズなどの加工品《かこうひん》をつくったりするのが酪農《らくのう》。ウシなどを育《そだ》て、食肉《しょくにく》を生産《せいさん》するのが畜《ちく》産《さん》。いずれもブランド化《か》を図《はか》れる。●収入《しゅうにゅう》★★ ●競争倍率《きょうそうばいりつ》★

酪《らく》農《のう》・畜《ちく》産《さん》

毒《どく》が武器《ぶき》と思《おも》わせて 実《じつ》は無毒《むどく》な牧場《ぼくじょう》の用心棒《ようじんぼう》!?

酪農家《らくのうか》

ミルクヘビ

こんな動物《どうぶつ》たちも活躍中《かつやくちゅう》!
ウシ/ヒツジ/ラクダなど

1 お仕事《しごと》チェック!

名前《なまえ》は勘違《かんちが》いだけど とにかく牧場《ぼくじょう》が大好《だいす》き

ウシなど家畜《かちく》を飼育《しいく》・放牧《ほうぼく》し、ミルクや乳製品《にゅうせいひん》をつくるお仕事《しごと》。大自然《だいしぜん》の牧場《ぼくじょう》で、動《どう》物《ぶつ》のお世話《せわ》をする心温《こころあたた》まる日々《ひび》。一方《いっぽう》で、いきもののお世話《せわ》には責任《せきにん》が求《もと》められ、動《どう》物《ぶつ》好《ず》きだけでは務《つと》まりません。

そんな牧場《ぼくじょう》で働《はたら》くミルクヘビの名前《なまえ》の由来《ゆらい》は、その昔《むかし》、牛舎《ぎゅうしゃ》にいるネズミを待《ま》ち伏《ぶ》せしているときに、人間《にんげん》にウシのミルクを飲《の》みに来《き》ていると勘違《かんちが》いされたため。毒々《どくどく》しい色《いろ》ですが毒《どく》は無《な》く、性格《せいかく》はヘビの中《なか》で一番穏《いちばんおだ》やかで、牛舎《ぎゅうしゃ》が大好《だいす》きです!

住所《じゅうしょ》 北《きた》アメリカの農耕地《のうこうち》(支店《してん》)
理念《りねん》 持続可能《じぞくかのう》な牛舎《ぎゅうしゃ》を求《もと》めて

もしもサンゴヘビが就活《しゅうかつ》したら……!?

2 履歴書《りれきしょ》

サンゴヘビ

この警戒色《けいかいしょく》がトレードマーク

経歴《けいれき》
北米出身《ほくべいしゅっしん》

前職《ぜんしょく》 漁師《りょうし》

長所《ちょうしょ》 神経毒《しんけいどく》は最強《さいきょう》クラス

短所《たんしょ》 短気《たんき》。昼《ひる》は働《はたら》きたくない

志望動機《しぼうどうき》
北米企業《ほくべいきぎょう》で、地元《じもと》を盛《も》り上《あ》げていきたいと思《おも》い志《し》望《ぼう》してやった。特《とく》にからだのデザインがソックリなので、マジ親近感《しんきんかん》が持《も》てたかな。ウシとか全《まった》く興味《きょうみ》ないけど、やるときはやるよ。北米《ほくべい》生《う》まれ、夜育《よるそだ》ち、悪《わる》そうなやつは、だいたい友達《ともだち》。夜露死苦《よろしく》。

採用者《さいようしゃ》メッセージ

その猛毒《もうどく》のスキルを
別《べつ》の場所《ばしょ》で活《い》かしては

慎重《しんちょう》に検討《けんとう》した結果《けっか》、今回《こんかい》は不採用《ふさいよう》とさせて頂《いただ》きます。毒《どく》ヘビ界《かい》での一層《いっそう》のご健勝《けんしょう》とご活躍《かつやく》を心《こころ》よりお祈《いの》り申《もう》し上《あ》げます。→サンゴヘビさんにおすすめの仕事《しごと》は「殺《ころ》し屋《や》」(P182)

3 採用《さいよう》テスト

安心《あんしん》のしるし

職場体験《しょくばたいけん》で来《き》たやつ猛毒《もうどく》持《も》ってる本物《ほんもの》の方《ほう》じゃん!
モ〜
やっぱ俺《おれ》らの見張《みは》りはミルクヘビくんが一番安心《いちばんあんしん》できるよ
…あのー そっち サンゴヘビさん です…
モッ…?!

もっと知《し》ろう

ミルクヘビは毒《どく》のない温和《おんわ》なヘビだが、毒《どく》を持《も》つサンゴヘビそっくりの姿《すがた》に進化《しんか》することで、天敵《てんてき》に襲《おそ》われないようにしている。このような進化《しんか》のことを「擬態《ぎたい》」と呼《よ》ぶ。

不採用《ふさいよう》

仕事内容《しごとないよう》 誰《だれ》かのために料理《りょうり》をつくる仕事《しごと》。レストランやホテル、病院《びょういん》、学校《がっこう》など、料理《りょうり》を提供《ていきょう》する職場《しょくば》は幅広《はばひろ》い。食材《しょくざい》に関《かん》する知識《ちしき》、調理法《ちょうりほう》、栄養管理《えいようかんり》などの専門知識《せんもんちしき》が求《もと》められる。●収入《しゅうにゅう》★ ●競争倍率《きょうそうばいりつ》★

調理師《ちょうりし》

最高《さいこう》の食材《しょくざい》と調理方法《ちょうりほうほう》で マリアージュを生《う》み出《だ》す

オーナーシェフ

ヒグマ

こんな動物《どうぶつ》たちも活躍中《かつやくちゅう》！
ハクビシン／タヌキ／カラスなど

1 お仕事《しごと》チェック！

じっくりと時間《じかん》をかけ 最高《さいこう》の料理《りょうり》を提供《ていきょう》する

様々《さまざま》な食材《しょくざい》を創意工夫《そういくふう》しながら調理《ちょうり》し、食《しょく》の向上《こうじょう》を追求《ついきゅう》するプロフェッショナル。味《あじ》の探究《たんきゅう》だけでなく、栄養面《えいようめん》や衛生面《えいせいめん》の知識《ちしき》も有《ゆう》し、安心安全《あんしんあんぜん》も大事《だいじ》な心《こころ》がけです。

私《わたくし》どもヒグマは肉食動物《にくしょくどうぶつ》でありながら、季節《きせつ》ごとに植物《しょくぶつ》であるドングリなどの木《き》の実《み》、根茎《こんけい》、葉《は》、樹皮《じゅひ》、キノコ、虫《むし》やハチミツ、様々《さまざま》な動物《どうぶつ》・鳥《とり》の肉《にく》、土《つち》に埋《う》めた死肉《しにく》まで熟成《じゅくせい》した食《た》べ頃《ごろ》を知《し》っているのでグルメの王様《おうさま》と呼《よ》ばれております。私《わたくし》たちと究極《きゅうきょく》の食《しょく》を追求《ついきゅう》しましょう。

住所《じゅうしょ》 ユーラシア大陸《たいりく》・北海道《ほっかいどう》（支店《してん》）
理念《りねん》 飽《あ》きこそ新《あたら》しい食《しょく》の源泉《げんせん》

もしもイノシシが就活《しゅうかつ》したら……!?

2 履歴書《りれきしょ》

イノシシ

山《やま》の食材《しょくざい》ならまかせてよ

経歴《けいれき》

ユーラシア大陸《たいりく》出身《しゅっしん》

前職《ぜんしょく》 農業《のうぎょう》

長所《ちょうしょ》 好《す》き嫌《きら》いがない

短所《たんしょ》 味《あじ》わって食《た》べない

志望動機《しぼうどうき》

同《おな》じ森《もり》に住《す》む者同士《ものどうし》、好《この》みが似《に》ているようなので志望《しぼう》しました。口《くち》に入《はい》るものであれば、何《なん》でも残《のこ》さず一瞬《いっしゅん》で食《た》べる早食《はやぐ》いの特《とく》技《ぎ》を活《い》かせると思《おも》います。季節《きせつ》ごとの旬《しゅん》なものを知《し》り尽《つ》くし、収穫直前《しゅうかくちょくぜん》の農作物《のうさくぶつ》に特《とく》に目《め》がありません。

3 採用《さいよう》テスト

美食王選手権《びしょくおうせんしゅけん》

さあ美食王《びしょくおう》はどっちだ?「美食《びしょく》クイズ」～!
ドォーーン
問題《もんだい》:高級《こうきゅう》タケノコはA《エー》とB《ビー》どっち?
シャクシャク
う～む これは難《むずか》しい…
B
A
おーっとイノシシシェフタケノコを両方《りょうほう》一気《いっき》食《ぐ》い!!
もりもり
答《こた》え:腹《はら》に入《はい》ればどっちも同《おな》じ!!
早食《はやぐ》い選手権《せんしゅけん》じゃねーぞ!!
B
A

採用者《さいようしゃ》メッセージ

当社《とうしゃ》の方針《ほうしん》とは合《あ》わないようです

慎重《しんちょう》に検討《けんとう》した結果《けっか》、今回《こんかい》は不採用《ふさいよう》とさせて頂《いただ》きます。味《あじ》わって食《た》べないというのは、当《とう》社《しゃ》の業務《ぎょうむ》にはそぐわないと判《はん》断《だん》いたしました。→イノシシさんにおすすめの仕事《しごと》は「IT《アイティー》サービス」(P44)

! もっと知《し》ろう

ヒグマは、北半球《きたはんきゅう》の寒冷地《かんれいち》の森《もり》に生《せい》息《そく》、日本《にほん》では北海道《ほっかいどう》に生息《せいそく》。グリズリー、ハイイログマなど地域《ちいき》ごとに様々《さまざま》な呼《よ》び名《な》のある最強肉食《さいきょうにくしょく》獣《じゅう》。秋《あき》には川《かわ》を遡上《そじょう》するサケを捕《と》るが、身《み》は残《のこ》しイクラなどを食《た》べるグルメっぷり。

不《ふ》採《さい》用《よう》

管理栄養士《かんりえいようし》

仕事内容《しごとないよう》 管理栄養士《かんりえいようし》は厚生労働省《こうせいろうどうしょう》が認定《にんてい》する国家資格《こっかしかく》。病気《びょうき》の人《ひと》の食事《しょくじ》や、健康維持《けんこういじ》の食事《しょくじ》、多数《たすう》の人《ひと》が食《た》べる給食《きゅうしょく》など、高度《こうど》な専門的知識《せんもんてきちしき》で栄養指導《えいようしどう》を行《おこな》う。●収入《しゅうにゅう》★ ●競争倍率《きょうそうばいりつ》★★

管理栄養士《かんりえいようし》

フラミンゴ

こんな動物《どうぶつ》たちも活躍中《かつやくちゅう》！
ハト／ペンギンなど

たっぷり飲《の》んで、大《おお》きく育《そだ》てよ！
スーパードリンクで子《こ》どもを育《そだ》てる
栄養《えいよう》のプロ

1 お仕事《しごと》チェック！

フラミンゴミルクでヒナをすくすく育《そだ》てる

健康《けんこう》・栄養状態《えいようじょうたい》に合《あ》わせて、必要《ひつよう》な栄養指導《えいようしどう》をし、健康《けんこう》を増進《ぞうしん》する保健《ほけん》のプロフェッショナルです。乳児《にゅうじ》からお年《とし》寄《よ》りまで、すべての方《かた》の健康《けんこう》を願《ねが》い、食《た》べ物《もの》の栄養面《えいようめん》からサポートするお仕事《しごと》です。

私《わたくし》どもフラミンゴは、湖《みずうみ》に生息《せいそく》する特殊《とくしゅ》なプランクトンだけを濾《こ》し取《と》るクチバシを持《も》ち、鳥《とり》では珍《めずら》しく、ミルクをつくってヒナを育《そだ》てます。しかも夫婦共《ふうふとも》にミルクをつくり、協力《きょうりょく》して子育《こそだ》てをします。いつでも栄養《えいよう》ファーストです。

住所《じゅうしょ》 地中海沿岸《ちちゅうかいえんがん》（支店《してん》）
理念《りねん》 地球《ちきゅう》をピンクで染《そ》めたい

もしもフラミンゴ（オス）が就活《しゅうかつ》したら……!?

2 履歴書《りれきしょ》

フラミンゴ(オス)

最近《さいきん》、サギとまちがえられます

経歴《けいれき》
ユーラシア大陸《たいりく》南部出身《なんぶしゅっしん》

前職《ぜんしょく》 主夫《しゅふ》
長所《ちょうしょ》 片脚《かたあし》バランス
短所《たんしょ》 鳥《とり》なのに空《そら》を飛《と》ぶのがやや苦《にが》手《て》（25m《メートル》の助走《じょそう》が必要《ひつよう》）

志望動機《しぼうどうき》
わけあって妻《つま》が蒸発《じょうはつ》し、私一人《わたしひとり》で子育《こそだ》てをしてきました。その経験《けいけん》を活《い》かし、御《おん》社《しゃ》で働《はたら》ければと思《おも》っています。ミルクづくりにはこだわりがあります。食道《しょくどう》のあたりでフラミンゴミルクをつくるのですが、栄養面《えいようめん》だけでなく、ピンク色《いろ》の見《み》た目《め》にも気《き》を配《くば》っています。

3 採用《さいよう》テスト

真《ま》っ白《しろ》の灰《はい》に……

わんぱくでもいい
栄養《えいよう》たっぷりのミルクで
たくましく育《そだ》って欲《ほ》しい
子育《こそだ》てで燃《も》え尽《つ》きちまったぜ…
ウェーイ♫
パパー こづかい ちょうだい♪

採用者《さいようしゃ》メッセージ

健康《けんこう》を取《と》り戻《もど》してから ぜひ再応募《さいおうぼ》を！

慎重《しんちょう》に検討《けんとう》した結果《けっか》、今回《こんかい》は不採用《ふさいよう》とさせて頂《いただ》きます。育《いく》児《じ》の疲《つか》れでまだ羽《はね》の色《いろ》が白《しろ》いようです。まずはご自身《じしん》が充分《じゅうぶん》栄養《えいよう》をとって、羽《はね》がピンク色《いろ》になった頃《ころ》、再応募《さいおうぼ》してください。

! もっと知《し》ろう

フラミンゴは、アフリカ、中南米《ちゅうなんべい》、西《にし》アジアに生息《せいそく》。からだの色《いろ》のピンク色《いろ》は食《た》べ物《もの》由来《ゆらい》なので、ヒナははじめは白色《しろいろ》で、ミルクを飲《の》むことでピンク色《いろ》になる。動物園《どうぶつえん》では、赤《あか》い色素《しきそ》を含《ふく》むエサを与《あた》えて、ピンク色《いろ》を保《たも》っている。

不《ふ》採《さい》用《よう》

仕事内容《しごとないよう》 どんな料理《りょうり》ジャンルで、どんな価格帯《かかくたい》で、どんなメニューを提供《ていきょう》するかなど、お店《みせ》のコンセプトを考《かんが》えて、日々《ひび》のお店《みせ》の運営《うんえい》をするのが経営者《けいえいしゃ》の仕事《しごと》。●収入《しゅうにゅう》★ ●競争倍率《きょうそうばいりつ》★

飲《いん》食《しょく》店《てん》経《けい》営《えい》

店長《てんちょう》

ハクビシン

こんな動物《どうぶつ》たちも活躍中《かつやくちゅう》！
アライグマ／タヌキ／チンパンジーなど

日替《ひが》わり定食《ていしょく》お待《ま》ち!!
ついに100店舗《てんぽ》突破《とっぱ》！

多《おお》くの人《ひと》に愛《あい》される薄利多売《はくりたばい》のお店《みせ》をチェーン展開中《てんかいちゅう》！

1 お仕事《しごと》チェック！

お腹《なか》いっぱい食《た》べられるアットホームな定食屋《ていしょくや》

家庭《かてい》では出《だ》せないプロの味《あじ》と品揃《しなぞろ》えを提供《ていきょう》。お客《きゃく》さんの食《た》べる喜《よろこ》びや満腹《まんぷく》の笑顔《えがお》を見《み》るのが日々《ひび》の楽《たの》しみです。

ハクビシン（白鼻芯《はくびしん》）は、白《しろ》い鼻筋《はなすじ》の模様《もよう》がトレードマーク。肉食動物《にくしょくどうぶつ》ですが、トウモロコシ、柿《かき》、ブドウ、みかん、トマトなど果実《かじつ》や野菜《やさい》も好物《こうぶつ》の動物界《どうぶつかい》きってのグルメ自慢《じまん》。母子中心《ぼしちゅうしん》の家族《かぞく》でアットホームな雰囲気《ふんいき》のお店《みせ》をチェーン展開中《てんかいちゅう》で、ただ今《いま》、チェーン店《てん》のオーナーを絶賛《ぜっさん》募集中《ぼしゅうちゅう》です。

住所《じゅうしょ》 中国本社《ちゅうごくほんしゃ》・東南《とうなん》アジアにチェーン店《てん》を展開中《てんかいちゅう》

理念《りねん》 おいしい物《もの》を食《た》べつくそう

もしもキングコブラが就活《しゅうかつ》したら……!?

2 履歴書《りれきしょ》

キングコブラ

経歴《けいれき》
タイ出身《しゅっしん》

前職《ぜんしょく》 SP《エスピー》（要人警護《ようじんけいご》の私服警官《しふくけいかん》）
長所《ちょうしょ》 大《おお》きいこと
短所《たんしょ》 意外《いがい》と気《き》が小《ちい》さい

志望動機《しぼうどうき》
ヘビでは珍《めずら》しく巣《す》をつくって抱卵《ほうらん》するなど、愛情《あいじょう》たっぷりに育《そだ》ったので、御社《おんしゃ》のアットホームな雰囲気《ふんいき》に魅力《みりょく》を感《かん》じました。毒《どく》ヘビでは世界最大《せかいさいだい》なので、からだの大《おお》きさを活《い》かして、全力《ぜんりょく》で首《くび》のフードを広《ひろ》げてお客様《きゃくさま》を呼《よ》び込《こ》もうと思《おも》います。

3 採用《さいよう》テスト

採用者《さいようしゃ》メッセージ

お客様《きゃくさま》が怖《こわ》がるので採用《さいよう》は見送《みおく》りで

貴殿《きでん》はヘビしか食《た》べないのでグルメではないのと、広《ひろ》がるフード（威嚇《いかく》・興奮《こうふん》のポーズ）でお客様《きゃくさま》が怖《こわ》がるので今回《こんかい》は不採用《ふさいよう》とさせてください。前職《ぜんしょく》を活《い》かす仕事《しごと》を探《さが》してみては。
→キングコブラさんにおすすめの仕事《しごと》は「警察官《けいさつかん》」（P116）

! もっと知《し》ろう

ハクビシンは、アジア原産《げんさん》のジャコウネコの仲間《なかま》で、家族《かぞく》の仲《なか》も良《よ》い。原始的《げんしてき》な肉食獣《にくしょくじゅう》であるにもかかわらず、果実《かじつ》や野菜《やさい》などが大好物《だいこうぶつ》でスイーツ好《ず》きのため、人間《にんげん》の畑《はたけ》などを荒《あ》らしてしまい害獣《がいじゅう》とされることも。

不《ふ》採《さい》用《よう》

仮採用《かりさいよう》で店長《てんちょう》に……

好《す》きなことを仕《し》事《ごと》にする

先輩方《せんぱいがた》が、どうやって好《す》きなことを仕事《しごと》にしてきたのか寄稿《きこう》してもらいました。貴重《きちょう》なコメントを、是非《ぜひ》、就職活動《しゅうしょくかつどう》の参考《さんこう》にしてみてください。

就職課《しゅうしょくか》（キャリアセンター）より

YouTuber《ユーチューバー》 ジャイアントパンダさん

国民的《こくみんてき》な人気《にんき》スターからこっそり本音《ほんね》を聞《き》き出《だ》す

今《いま》やYouTuber《ユーチューバー》の中《なか》でも、その道《みち》のパイオニアとして、人気《にんき》を不《ふ》動《どう》のものとしました。ここに至《いた》るまでには、僕《ぼく》だって何《なに》も考《かんが》えずにただ動画投稿《どうがとうこう》していたわけではありません。中《なか》には「いつも寝《ね》てるだけ……」と悪《わる》いレビューを書《か》く人《ひと》もいますが、寝姿《ねすがた》や顔《かお》の向《む》きも、常《つね》に考《かんが》えながら寝《ね》てます。たまに動《うご》くから、みんな「キャーキャー」言《い》って〝いいね〟を押《お》してくれるのです。

竹《たけ》も本当《ほんとう》は、あまり好《す》きじゃないんだけど、イメージを大事《だいじ》にして、毎日《まいにち》おいしそうに食《た》べてます。その際《さい》も、観覧側《かんらんがわ》に見《み》えるポジション取《ど》りが大事《だいじ》で、常《つね》にカメラ目線《めせん》で食《しょく》レポしてます。

最近《さいきん》は、ライバルの子《こ》パンダに再生回数《さいせいかいすう》を抜《ぬ》かれていますが、いつまでも努力《どりょく》せずにカワイイだけで売《う》っているようでは、人気《にんき》は長《なが》続《つづ》きしないことを、先輩《せんぱい》の僕《ぼく》が子《こ》パンダにダメ出《だ》ししたいですね。

僕《ぼく》も人気《にんき》を回復《かいふく》したいので、かつて人気《にんき》があった遊具体験《ゆうぐたいけん》レポートシリーズ「タイヤを使《つか》ってみた！」を復活《ふっかつ》させます。わざとコケたり、ずり落《お》ちたりすると、再《さい》生回数《せいかいすう》が爆発的《ばくはつてき》にバズるんだ。これからはズッコケるやらせハプニングが大事《だいじ》。寝《ね》ているだけではダメな時代《じだい》です。

とにかく、好《す》きなことを仕事《しごと》にできて、空調《くうちょう》付《つ》きの高級施設《こうきゅうしせつ》で暮《く》らせて、高級食材《こうきゅうしょくざい》を毎日《まいにち》食《た》べられて、みんなからチヤホヤされるので、ぶっちゃけこの仕事《しごと》とポジションを手放《てばな》したくないんです！ さて、そろそろ仕事《しごと》（寝《ね》る）の時間《じかん》なんで。

声優《せいゆう》・ものまね芸人《げいにん》 コトドリさん

ものまねできる声優《せいゆう》で絶賛《ぜっさん》ブレイク中《ちゅう》！

私《わたし》はものまねが大好《だいす》きで、それを仕事《しごと》にできないかと思《おも》い、オーストラリアで毎日《まいにち》いろいろな練習《れんしゅう》をしました。鳥《とり》や動物《どうぶつ》の声《こえ》だけではなく、通《とお》りかかった人間《にんげん》の赤《あか》ちゃんの泣《な》き声《ごえ》、さらには観光客《かんこうきゃく》のカメラのシャッター音《おん》、近《ちか》くの工事《こうじ》で木《き》を切《き》るチェーンソーの音《おと》、車《くるま》のクラクションやブレーキの音《おと》、スマホの着信音《ちゃくしんおん》、アラーム音《おん》まで、耳《みみ》に入《はい》る音《おと》は完璧《かんぺき》にコピーして再《さい》現《げん》できるようになりました。

あまりにものまねが上手《うま》すぎて、今《いま》では声優《せいゆう》の仕事《しごと》よりも、ドラマや映画《えいが》の効果音《こうかおん》の収録《しゅうろく》を頼《たの》まれることの方《ほう》が多《おお》くなってしまったのが悩《なや》み。でも、ものまねの単独《たんどく》ライブはいつも発売《はつばい》と同《どう》時《じ》にソールドアウトになり、好《す》きなことを極《きわ》めると仕事《しごと》の幅《はば》が広《ひろ》がるもんで、それはそれで楽《たの》しいです。いつか、声優《せいゆう》レジェンドのウグイス先輩《せんぱい》、オオルリ先輩《せんぱい》、コマドリ先輩《せんぱい》のようになりたいと思《おも》い、練習《れんしゅう》を怠《おこた》らないようにしています。ホーホケキョ。

サッカー選手《せんしゅ》
フンコロガシさん

プロサッカー選手《せんしゅ》たちのあこがれの地《ち》でプレー

僕《ぼく》は小《ち》さい頃《ころ》からサッカー選手《せんしゅ》に憧《あこが》れていました。ところが僕《ぼく》の家《いえ》は貧《まず》しくて、サッカーボールを買《か》うお金《かね》もありませんでした。

そこで、近《ちか》くにあった動物《どうぶつ》のうんちを丸《まる》めてボールにして、いつもドリブルの練習《れんしゅう》をしていました。おかげで誰《だれ》にも負《ま》けない高速《こうそく》ドリブルやフェイントができるようになりました。僕《ぼく》のテクニックの代《だい》名《めい》詞《し》になっているノールックパスも、毎日《まいにち》うんちを見《み》ないようにキックの練習《れんしゅう》していたら、知《し》らず知《し》らずのうちに身《み》についたテクニックです。

僕《ぼく》はフランス出身《しゅっしん》の学者《がくしゃ》のファーブルに憧《あこが》れていたので、フランスのプロリーグからオファーがあったときには、本当《ほんとう》にうれしかったです。応援《おうえん》してくれた両親《りょうしん》に最初《さいしょ》に報告《ほうこく》し、喜《よろこ》びを分《わ》かち合《あ》いました。今《いま》でも初心《しょしん》を忘《わす》れないようにして、常《つね》に練習《れんしゅう》でも目標《もくひょう》を立《た》ててやっています。ちなみに今《いま》の練習《れんしゅう》の目標《もくひょう》は、リフティングが1回《かい》もできないので、これをマスターしたいと思《おも》って毎日《まいにち》基《き》本《ほん》に忠実《ちゅうじつ》に努力《どりょく》しています。

“好《す》き”を仕事《しごと》にするという陰《かげ》には、みなさん大変《たいへん》な努力《どりょく》と苦労《くろう》があったのですね。それを感《かん》じさせないのがプロなんですね。 ちなみに、私《わたし》、ベローシファカも、自分《じぶん》の就職課《しゅうしょくか》（キャリアセンター）の仕事《しごと》がとっても大好《だいす》き。みなさんのお役《やく》に立《た》てるように、粉骨砕身《ふんこつさいしん》がんばります。気軽《きがる》に相談《そうだん》に来《き》てね。

第《たい》2章《しょう》 物《もの》をつくる仕事《しごと》

ANIMAL Profession CATALOG

仕事内容《しごとないよう》 家《いえ》や建物《たてもの》をつくる専門家集団《せんもんかしゅうだん》。国家的《こっかてき》なプロジェクトにかかわる大手《おおて》ゼネコンから町《まち》の工務店《こうむてん》、職人《しょくにん》まで、建設業《けんせつぎょう》は様々《さまざま》な会社《かいしゃ》や個人《こじん》が力《ちから》を合《あ》わせて成《な》り立《た》っている。●収入《しゅうにゅう》★★ ●競争倍率《きょうそうばいりつ》★★

建設業《けんせつぎょう》

大工棟梁《だいくとうりょう》

ビーバー

こんな動物《どうぶつ》たちも活躍中《かつやくちゅう》！
モグラ／アジアゾウ／ハタオリドリなど

自然《しぜん》と動物《どうぶつ》が共生《きょうせい》できる大自然《だいしぜん》リゾートを開発《かいはつ》

1 お仕事《しごと》チェック！

ダム工事《こうじ》を中心《ちゅうしん》に様々《さまざま》な公共事業《こうきょうじぎょう》を手掛《てが》ける

巨大《きょだい》な建造物《けんぞうぶつ》を自分《じぶん》の手《て》でつくって後世《こうせい》に残《のこ》す、夢《ゆめ》とロマンあるお仕事《しごと》。大自然《だいしぜん》のリゾート開発《かいはつ》では共生《きょうせい》を考《かんが》えたエコライフを提供《ていきょう》します。

私《わたくし》どもビーバー工務店《こうむてん》は、ネズミの仲間《なかま》でありながら、特《とく》に河川開発《かせんかいはつ》が得意《とくい》で、ダム建設《けんせつ》など公共事業《こうきょうじぎょう》を請《う》け負《お》う信頼《しんらい》と実績《じっせき》を誇《ほこ》ります。巨木《きょぼく》も自在《じざい》に加工《かこう》していく自慢《じまん》のオレンジ色《いろ》の前歯《まえば》は普通《ふつう》の歯《は》より頑丈《がんじょう》。ダムは最大《さいだい》８５０m《メートル》の記録《きろく》があり、息子《むすこ》たちに引《ひ》きつぎ世代《せだい》を超《こ》えて数十《すうじゅう》年《ねん》増築《ぞうちく》することも。

住所《じゅうしょ》 カナダ本社《ほんしゃ》
理念《りねん》 安心安全《あんしんあんぜん》、2世帯住宅《せたいじゅうたく》

もしもキツツキが就活《しゅうかつ》したら……!?

2 履歴書《りれきしょ》

キツツキ

長《なが》い舌《した》で衝撃《しょうげき》を吸収《きゅうしゅう》しているよ

経歴《けいれき》
ロシア出身《しゅっしん》

前職《ぜんしょく》 新卒《しんそつ》（高専卒《こうせんそつ》）

長所《ちょうしょ》 ヘディング

短所《たんしょ》 フクロウが嫌《きら》いで、たとえ置《おき》物《もの》でも近寄《ちかよ》れない

志望動機《しぼうどうき》
御社《おんしゃ》が目指《めざ》す「自然《しぜん》との共存《きょうぞん》」というコンセプトに共感《きょうかん》しました。私《わたし》の特技《とくぎ》は、1秒間《びょうかん》に20回前後《かいぜんご》の高速《こうそく》で、クチバシで木《き》をつついて穴《あな》をあけられること。頭《あたま》の中《なか》に超高性能《ちょうこうせいのう》の衝撃吸収《しょうげききゅうしゅう》システムがあるので、頭痛《ずつう》に悩《なや》まされることは一切《いっさい》ありませんので、ご心配《しんぱい》なく。

3 採用《さいよう》テスト

採用者《さいようしゃ》メッセージ

後世《こうせい》に残《のこ》る建物《たてもの》を当社《とうしゃ》でつくろう！

即戦力《そくせんりょく》になる貴殿《きでん》の志《こころざし》や技術《ぎじゅつ》に大《おお》いに期待《きたい》し、採用《さいよう》させていただきます。インターン期間《きかん》中《ちゅう》、思《おも》わぬ事故《じこ》が起《お》こりましたが、ご無事《ぶじ》で何《なに》よりです。一緒《いっしょ》に、森《もり》の大工《だいく》として後世《こうせい》に残《のこ》る建築物《けんちくぶつ》をつくりましょう。

チームワークが命《いのち》

木《き》に穴《あな》をあけるのならこの僕《ぼく》におまかせあれ！
ココココ
ココン
そして、木《き》を切《き》るなら俺《おれ》が一番《いちばん》さ！
ガリガリガリ
…倒《たお》すなら別《べつ》の木《き》にしてよ…
あ

！もっと知《し》ろう

ビーバーは、北米《ほくべい》とヨーロッパに生息《せいそく》する水辺《みずべ》の生活《せいかつ》に適応進化《てきおうしんか》したネズミの仲間《なかま》。ダム湖《こ》のようになった川《かわ》の真《ま》ん中《なか》に天敵《てんてき》が侵入《しんにゅう》できない巣《す》をつくる。巣《す》には、育児部屋《いくじべや》、食料庫《しょくりょうこ》が完備《かんび》され、換気《かんき》を考《かんが》えてチムニー（煙突《えんとつ》）の枝組《えだぐ》みも標準装備《ひょうじゅんそうび》。

採用

仕事内容《しごとないよう》 住宅《じゅうたく》や店舗《てんぽ》、オフィスなどのインテリアを考《かんが》えたり、実際《じっさい》に家具《かぐ》を選《えら》んで配置《はいち》したりするインテリアのプロ。人気《にんき》が出《で》れば、雑誌《ざっし》やテレビの仕事《しごと》が舞《ま》い込《こ》むことも。●収入《しゅうにゅう》★★ ●競争倍率《きょうそうばいりつ》★

インテリアコーディネーター

1 お仕事《しごと》チェック！

きらびやかな夢《ゆめ》のような空間《くうかん》を演出《えんしゅつ》する

一流《いちりゅう》インテリアコーディネーター

ニワシドリ

こんな動物《どうぶつ》たちも活躍中《かつやくちゅう》！
カラス／オランウータン／カヤネズミなど

お客《きゃく》さんの好《この》みの空間《くうかん》をクリエイトして提案《ていあん》する

空間《くうかん》デザイン、家具《かぐ》、照明《しょうめい》選《えら》びなどのセンスを活《い》かしながら、建物《たてもの》のインテリアをデザイン・演出《えんしゅつ》する職業《しょくぎょう》です。

私《わたし》たちニワシドリは、森《もり》という空間《くうかん》を知《し》り尽《つ》くしており、お客様《きゃくさま》の好《この》みのインテリアを提案《ていあん》・クリエイトいたします。ファッショナブルなだけでなく、カラフルな自然素材《しぜんそざい》をリサイクルした地球《ちきゅう》に優《やさ》しい世界《せかい》に一《ひと》つだけの逸品《いっぴん》を活用《かつよう》し、空間《くうかん》づくりをしています。センスを活《い》かしたい方《かた》、応募《おうぼ》をお待《ま》ちしています。

住所《じゅうしょ》 パプアニューギニア（本店《ほんてん》）
理念《りねん》 ひとりひとりを大切《たいせつ》に

もしもキンチャクガニが就活《しゅうかつ》したら……!?

2 履歴書《りれきしょ》

キンチャクガニ

経歴《けいれき》
日本《にほん》（太平洋近《たいへいようきん》海《かい》）出身《しゅっしん》

前職《ぜんしょく》 チアリーダー
長所《ちょうしょ》 だまって仕事《しごと》する
短所《たんしょ》 気《き》が小《ちい》さい

志望動機《しぼうどうき》
サンゴの森《もり》で暮《く》らし、美《うつく》しい海《うみ》のあらゆるものを利用《りよう》する暮《く》らしの中《なか》で、もっと自分《じぶん》を高《たか》めようと思《おも》い、色《いろ》や形《かたち》に最《もっと》もこだわりのあるニワシドリ先生《せんせい》の下《もと》で、自分《じぶん》の実力《じつりょく》を試《ため》してみたいと思《おも》い志望《しぼう》しました。空間《くうかん》を活《い》かした自己演出《じこえんしゅつ》には自信《じしん》があります。

3 採用《さいよう》テスト

採用者《さいようしゃ》メッセージ

大《おお》いに期待《きたい》しますが、毒《どく》は厳禁《げんきん》です

あなたの色彩感覚《しきさいかんかく》・空間演出《くうかんえんしゅつ》能力《のうりょく》に大《おお》いに期待《きたい》し、アシスタントとして採用《さいよう》いたします。ただし毒《どく》のある危険物《きけんぶつ》（イソギンチャク）の持《も》ち込《こ》みは、ご遠慮《えんりょ》ください。

ポンポンの正体《しょうたい》

もっと知《し》ろう

ニワシドリは、オーストラリア・ニューギニア周辺《しゅうへん》の森《もり》に生息《せいそく》する鳥《とり》で20種《しゅ》ほどいる。名前《なまえ》の由来《ゆらい》は庭師《にわし》で、オスは巣《す》とは別《べつ》にメスのために大《おお》きくて芸術的《げいじゅってき》な構造物《こうぞうぶつ》をデザインしてみせる。

採用

仕事内容《しごとないよう》 コンピューターを活用《かつよう》する様々《さまざま》な技術《ぎじゅつ》に関《かか》わる業界《ぎょうかい》。株《かぶ》式上場《しきじょうじょう》を目指《めざ》すベンチャーやスタートアップ企業《きぎょう》は、寝《ね》る間《ま》も惜《お》しんで猛烈《もうれつ》に仕事《しごと》をすることも。●収入《しゅうにゅう》★★★ ●競争倍率《きょうそうばいりつ》★

IT《アイティー》サービス

何週間《なんしゅうかん》も大空《おおぞら》を羽《は》ばたき続《つづ》ける IT業界《アイティーぎょうかい》の風雲児《ふううんじ》

IT《アイティー》企業《きぎょう》CEO《シーイーオー》

グンカンドリ

こんな動物《どうぶつ》たちも活躍中《かつやくちゅう》！
イルカ／キリン／
ダイオウグソクムシなど

1 お仕事《しごと》チェック！

寝《ね》る間《ま》も惜《お》しんで24時間《じかん》働《はたら》けますか？

インターネットなどの通信《つうしん》やコンピューターを駆使《くし》する情報技術《じょうほうぎじゅつ》に関《かか》わる仕事《しごと》。今《いま》やあらゆる分野《ぶんや》と関《かか》わり、世界《せかい》に向《む》けて常《つね》に新《あたら》しい情報発信《じょうほうはっしん》・サービス提供《ていきょう》をします。

我々《われわれ》グンカンドリは、ひとたび空《そら》に舞《ま》い上《あ》がると、大空《おおぞら》を何週間《なんしゅうかん》も飛《と》び続《つづ》け、寝《ね》るのも飛《と》びながら。情報《じょうほう》サービスに昼《ひる》も夜《よる》もない。そんな24時《じ》間働《かんはたら》ける仕事大好《しごとだいす》きな方《かた》を募《ぼ》集《しゅう》。コンピューターやスマホが好《す》きで、情報《じょうほう》にハングリーな方向《かたむ》けの仕事《しごと》です。

住所《じゅうしょ》 太平洋上《たいへいようじょう》（支店《してん》）
理念《りねん》 獲物《えもの》（情報《じょうほう》）は横取《よこど》り上等《じょうとう》

もしもベルツノガエルが就活《しゅうかつ》したら……!?

2 履歴書《りれきしょ》

ベルツノガエル

普段《ふだん》はずっと土《つち》に潜《もぐ》ってます

経歴《けいれき》
南米《なんべい》アルゼンチン出身《しゅっしん》

前職《ぜんしょく》 書店員《しょてんいん》
長所《ちょうしょ》 辛抱強《しんぼうづよ》い
短所《たんしょ》 食《く》いしん坊《ぼう》

志望動機《しぼうどうき》
よく他人《たにん》からは仕事《しごと》をしていないように見《み》られがちですが、無駄《むだ》な動《うご》きに必要性《ひつようせい》を感《かん》じないだけで、常《つね》に仕事《しごと》のことばかり考《かんが》えています。24時間動《じかんうご》かずに座《すわ》っているのも苦《く》ではないので、ずっとパソコンに向《む》かっていられます。

3 採用《さいよう》テスト

採用者《さいようしゃ》メッセージ

忍耐強《にんたいづよ》い性格《せいかく》で最長面接時間記録《さいちょうめんせつじかんきろく》を樹立《じゅりつ》

創業以来《そうぎょういらい》、最長《さいちょう》の面接時間《めんせつじかん》を記録《きろく》しました。とにもかくにも、貴殿《きでん》の集中力《しゅうちゅうりょく》と合理性《ごうりせい》に期待《きたい》しています。一緒《いっしょ》に、我《わ》が社《しゃ》を盛《も》り立《た》てて、株式上場《かぶしきじょうじょう》を目指《めざ》しましょう。

私《わたし》の特技《とくぎ》はコレ

では
ベルツノ
ガエルさん、
特技《とくぎ》をひろう
してください
1時間経過《じかんけいか》
・・・・
3時間経過《じかんけいか》
5時間経過《じかんけいか》
グ〜〜
パク
虫《むし》とりです

! もっと知《し》ろう

グンカンドリは、世界《せかい》の熱帯《ねったい》の洋上《ようじょう》に広《ひろ》く生息《せいそく》。翼《つばさ》が2mを超《こ》える大型鳥《おおがたどり》で飛行時間《ひこうじかん》が長《なが》く、飛《と》びながら寝《ね》る事《こと》でも知《し》られている。他《ほか》の海鳥《うみどり》がとった魚《さかな》を空《そら》で奪《うば》い取《と》るので“軍艦《ぐんかん》”の名《な》がついた。

採《さい》用

システムエンジニア・プログラマー

1 お仕事《しごと》チェック!

コンピューター社会《しゃかい》に欠《か》かせない理系職業《りけいしょくぎょう》

仕事内容《しごとないよう》 システムエンジニアが、仕様書《しようしょ》（設計図《せっけいず》）を作成《さくせい》。それにもとづきプログラマーが、コーディング（コンピューターの言葉《ことば》で指示《しじ》）することで、ウェブサイトなどをつくる。●収入《しゅうにゅう》★★ ●競争倍率《きょうそうばいりつ》★

コンピューター言語《げんご》を操《あやつ》る システム開発《かいはつ》のプロ集団《しゅうだん》

システム開発会社社員《かいはつがいしゃしゃいん》

ダンゴムシ

こんな動物《どうぶつ》たちも活躍中《かつやくちゅう》!
キタキツネ／タルマワシ／アリジゴクなど

システムエンジニア（SE《エスイー》）、プログラマー（PG《ピージー》）は、コンピューター社会《しゃかい》には欠《か》かせない〝ものづくり〟の理系職《りけいしょく》業《ぎょう》。コンピューター言語《げんご》を操《あやつ》り、複雑《ふくざつ》なシステムや究極《きゅうきょく》のAI《エーアイ》づくりを目指《めざ》します。

我々《われわれ》ダンゴムシは、交替性《こうたいせい》転向反応《てんこうはんのう》（右左《みぎひだり》の順番《じゅんばん》で曲《ま》がっていく）により迷路脱出《めいろだっしゅつ》を得意《とくい》としているので、バグとりなど面倒《めんどう》くさい不具合《ふぐあい》の修正《しゅうせい》もお手《て》のもの。誰《だれ》もが働《はたら》きやすい職場環境《しょくばかんきょう》を目指《めざ》し、お互《たが》い干渉《かんしょう》しないことを心《こころ》がけています。

住所《じゅうしょ》 ヨーロッパ本社《ほんしゃ》
理念《りねん》 迷惑《めいわく》かけなければ何《なん》でもOK《オーケー》

もしもワラジムシが就活《しゅうかつ》したら……!?

2 履歴書《りれきしょ》

ワラジムシ

職種《しょくしゅ》にはそんなにこだわらないよ

経歴《けいれき》

ヨーロッパ出身《しゅっしん》

前職《ぜんしょく》 清掃業《せいそうぎょう》

長所《ちょうしょ》 フットワークの軽《かる》さ

短所《たんしょ》 せっかちな性格《せいかく》。どうしても、丸《まる》くなれない

志望動機《しぼうどうき》

新《あたら》しい自分《じぶん》の可能性《かのうせい》にチャレンジしたくて応募《おうぼ》しました。それと、家《いえ》からとても近《ちか》かったので。ダンゴムシの世界《せかい》にはいじめや差別《さべつ》が全《まった》くないとうかがい、とても共感《きょうかん》しました。

3 採用《さいよう》テスト

採用者《さいようしゃ》メッセージ

職種《しょくしゅ》は変《か》わるが営業職《えいぎょうしょく》はいかが？

やる気《き》を感《かん》じられたので、当社《とうしゃ》に歓迎《かんげい》いたします。ただし、システムエンジニアやプログラマーは向《む》いていないようなので、フットワークの軽《かる》さを活《い》かし、営業職《えいぎょうしょく》はいかがでしょう?

超高速《ちょうこうそく》プログラミング？

! もっと知《し》ろう

ダンゴムシは、世界各地《せかいかくち》に生息《せいそく》する甲殻類《こうかくるい》。落葉《おちば》などを食《た》べて土《つち》にする森《もり》の重要《じゅうよう》な分解者《ぶんかいしゃ》。交替性転向反応《こうたいせいてんこうはんのう》というシンプルな能力《のうりょく》で、複雑《ふくざつ》な迷路《めいろ》を最短《さいたん》で抜《ぬ》け出《だ》せることが実験《じっけん》で知《し》られている。

採用

製造業《せいぞうぎょう》（住宅《じゅうたく》）

仕事内容《しごとないよう》 材料《ざいりょう》や部品《ぶひん》を仕入《しい》れ、加工《かこう》・組《く》み立《た》てして製品《せいひん》をつくる仕事《しごと》。自動車《じどうしゃ》、医療機器《いりょうきき》、住宅《じゅうたく》など、製品《せいひん》ごとに業界《ぎょうかい》がある。食品《しょくひん》メーカーも製造業《せいぞうぎょう》のひとつ。●収入《しゅうにゅう》★★ ●競争倍率《きょうそうばいりつ》★★

環境《かんきょう》に優《やさ》しく コストを追求《ついきゅう》した 住《す》みやすい家《いえ》づくり

住宅《じゅうたく》メーカー主任《しゅにん》
サザエ

こんな動物《どうぶつ》たちも活躍中《かつやくちゅう》！
シロアリ／アシナガバチなど

1 お仕事《しごと》チェック！

堅牢《けんろう》で住《す》みやすい住宅《じゅうたく》を多《おお》くの方《かた》に提供《ていきょう》する

暮《く》らしと住《す》まいを考《かんが》えた家《いえ》を売《う》るお仕事《しごと》。品質《ひんしつ》・技術《ぎじゅつ》・環境《かんきょう》に配慮《はいりょ》し、安《やす》らぎの空間《くうかん》を提供《ていきょう》します。

私《わたくし》たちサザエは、安心安《あんしんあん》全《ぜん》とコスト追求《ついきゅう》の家《いえ》づくり一《ひと》筋《すじ》で、創業《そうぎょう》4億年《おくねん》の実績《じっせき》。トゲのある巻《ま》き貝《がい》の殻《から》の家《いえ》は信《しん》頼《らい》のブランド住宅《じゅうたく》。外壁《がいへき》だけでなく、高級感《こうきゅうかん》のある分厚《ぶあつ》い蓋《ふた》の扉《とびら》には繊細《せんさい》な彫刻《ちょうこく》が施《ほどこ》されています。変《か》わらぬデザインと機能性《きのうせい》の詰《つ》まった、職人《しょくにん》の心意気《こころいき》が感《かん》じられる家《いえ》の販《はん》売《ばい》をしています。

住所《じゅうしょ》 日本《にほん》の太平洋沿岸《たいへいようえんがん》（支店《してん》）
理念《りねん》 住《す》まいのパイオニア精神《せいしん》

もしもヤドカリが就活《しゅうかつ》したら……!?

2 履歴書《りれきしょ》

ヤドカリ

趣味《しゅみ》は引《ひ》っ越《こ》し
飽《あ》きっぽいので

経歴《けいれき》
日本海沿岸出身《にほんかいえんがんしゅっしん》

前職《ぜんしょく》 なし（バックパッカー）
長所《ちょうしょ》 楽天的《らくてんてき》なところ
短所《たんしょ》 他人《たにん》のモノを欲《ほ》しがるところ

志望動機《しぼうどうき》
御社《おんしゃ》のブランド住宅《じゅうたく》は、私《わたし》たちヤドカリ業界《ぎょうかい》でも憧《あこが》れの的《まと》で、一度《いちど》は住《す》んでみたいと夢見《ゆめみ》て応募《おうぼ》しました。貝《かい》の中身《なかみ》が早《はや》くなくなればいいなぁ、といつも心《こころ》より願《ねが》っております。もし貝《かい》の家《いえ》が手《て》に入《はい》ったあかつきには、大切《たいせつ》に使《つか》わせていただきたいと思《おも》います。

3 採用《さいよう》テスト

採用者《さいようしゃ》メッセージ

**身《み》の危険《きけん》を感《かん》じ
採用《さいよう》は見送《みおく》りに**

面接時《めんせつじ》の貴殿《きでん》の目《め》つきが殺気《さっき》立《だ》ち、私《わたくし》どもは身《み》の危険《きけん》を感《かん》じ、同《おな》じ職場《しょくば》で働《はたら》くのは難《むずか》しいと判断《はんだん》いたしました。社員《しゃいん》1名《めい》いまだ行方不明《ゆくえふめい》です……。

→ヤドカリさんにおすすめの仕《し》事《ごと》は「旅行代理店《りょこうだいりてん》」（P154）

よりどりみどり

おはよう
おはよう～
なんてステキな貝《かい》がら…
!
次《つぎ》の日《ひ》
あいつ今日《きょう》は休《やす》みかな?
?

もっと知《し》ろう

サザエは、東《ひがし》アジアの温暖《おんだん》な浅《あさ》い海《うみ》に生息《せいそく》する巻《ま》き貝《がい》。トゲのある立派《りっぱ》な貝殻《かいがら》と、入《い》り口《ぐち》のフタに彫刻《ちょうこく》のある美《うつく》しい扉《とびら》をつくることでおなじみ。夜《よる》に海藻《かいそう》を食《た》べに動《うご》き回《まわ》る夜行性草食貝《やこうせいそうしょくがい》。

不《ふ》採用《さいよう》

就《しゅう》職《しょく》活《かつ》動《どう》Q《キュー》&《アンド》A《エー》

今回《こんかい》は、これから就職活動《しゅうしょくかつどう》にのぞむ皆《みな》さんが、疑問《ぎもん》に思《おも》っていることを、就職活動《しゅうしょくかつどう》を勝《か》ち抜《ぬ》いた先輩《せんぱい》たちに直接《ちょくせつ》ぶつけてみました。「そもそも就職活動《しゅうしょくかつどう》って何《なに》？」という人《ひと》は、まずは「どうぶつお仕《し》事《ごと》ワールド」（P4）を参考《さんこう》にしてみてください。

就職課《しゅうしょくか》（キャリアセンター）より

Q《キュー》 履歴書《りれきしょ》はどう書《か》くの？（ヤギ）

A《エー》 自己《じこ》PR《ピーアール》、志望動機《しぼうどうき》が大事《だいじ》

履歴書《りれきしょ》は、自分《じぶん》の〝分身《ぶんしん》〟です。ウソはいけませんが、自分《じぶん》を売《う》り込《こ》むために、少《すこ》しでも良《よ》い印象《いんしょう》を与《あた》えられるよう書《か》く。能力《のうりょく》ややる気《き》が伝《つた》わるように。最《もっと》も大切《たいせつ》なのは、なぜその仕事《しごと》をやりたいか、自分《じぶん》がどう貢献《こうけん》できるかを伝《つた》えること。だって、ライバルは何万匹《なんまんびき》もいるんだから……。

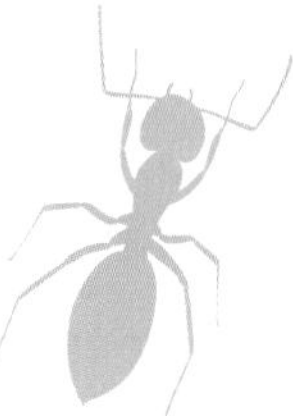

クロオオアリ

Q《キュー》 面接《めんせつ》のポイントは？（ハムスター）

A《エー》 ポイントは「回答《かいとう》の仕方《しかた》」です

仲間《なかま》や部下《ぶか》として一緒《いっしょ》に仕事《しごと》をしやすいかどうか、相性《あいしょう》を見《み》られています。質問《しつもん》に正《ただ》しく答《こた》えられるかではなく、回答《かいとう》の仕方《しかた》を試《ため》されているので、わからないことは、わからないと正直《しょうじき》に答《こた》えましょう。

ライオン

Q《キュー》 僕《ぼく》は近眼《きんがん》ですが書類《しょるい》選考《せんこう》で落《お》とされますか？（ヒグマ）

A《エー》 いいえ。全《まった》く

採用《さいよう》には関係《かんけい》ありません。まだ眼鏡《めがね》をつくっていないのなら、就職《しゅうしょく》までにつくっておいてください。

ちなみに僕《ぼく》は、目《め》がものすごく良《よ》いけれど、狩《か》りはドヘタで、宝《たから》の持《も》ち腐《ぐさ》れと言《い》われます。

オオヤマネコ

Q《キュー》 みんなより仕事《しごと》が遅《おそ》いのですがやっていけますか?(ナマケモノ)

A《エー》 弱点《じゃくてん》をカバーしよう

はじめは、どんな仕事《しごと》もみんな上手《うま》くできません。苦手《にがて》なことがわかっているなら、みんなより早《はや》く仕事《しごと》を始《はじ》めるとか、弱点《じゃくてん》をアイデアと努力《どりょく》でカバーしてみてください。焦《あせ》らずがんばって!

ウシ

Q《キュー》 特技《とくぎ》がないし、やりたい仕事《しごと》が見《み》つかりません(カナブン)

A《エー》 仕事《しごと》を趣味《しゅみ》にするのも手《て》かも

仕事《しごと》を特技《とくぎ》にしたり、やりがいを自分《じぶん》で見《み》つけて新《あたら》しく趣味《しゅみ》のようにしたりしてみては? 給料《きゅうりょう》アップを目標《もくひょう》にしてもいいと思《おも》います。どんな仕事《しごと》でも、大小必《だいしょうかなら》ずどこかで誰《だれ》かの役《やく》に立《た》っているもの。それを想像《そうぞう》しながら仕事《しごと》をしてみると楽《たの》しくなります。

テングザル

Q《キュー》 大《おお》きい会社《かいしゃ》と小《ちい》さい会社《かいしゃ》の違《ちが》いは?(オオカミ)

A《エー》 それぞれにメリット、デメリットあり

大《おお》きい会社《かいしゃ》は仕事《しごと》や給料《きゅうりょう》は安定《あんてい》していますが、自分《じぶん》の貢献《こうけん》の成果《せいか》がややわかりにくいこともあります。無名《むめい》や小《ちい》さい会社《かいしゃ》は、自分《じぶん》で何《なん》でもやらなくてはいけません。チャレンジ精神《せいしん》がある人《ひと》なら、小《ちい》

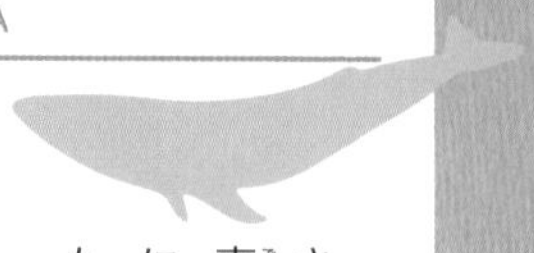

さい組織《そしき》の方《ほう》が責任《せきにん》のある仕事《しごと》が回《まわ》ってきやすいので、逆《ぎゃく》に仕事《しごと》のやりがいを感《かん》じるかもしれません。

シロナガスクジラ

Q《キュー》 福利厚生《ふくりこうせい》って何《なに》？（サーバル）

A《エー》 お給料以外《きゅうりょういがい》の従業員《じゅうぎょういん》への貢献《こうけん》

例《たと》えば、家賃《やちん》や子育《こそだ》て費用《ひよう》の一部《いちぶ》を支援《しえん》してくれるとか、社員旅行《しゃいんりょこう》があるとか、家族《かぞく》も安《やす》く使《つか》える文化施設《ぶんかしせつ》があるとか。福利厚生《ふくりこうせい》の充実《じゅうじつ》が魅力《みりょく》の会社《かいしゃ》もあるんだ。

ハダカデバネズミ

Q《キュー》 転職《てんしょく》のタイミングは？（レミング）

A《エー》 3年目頃《ねんめごろ》が考《かんが》える目安《めやす》

入社《にゅうしゃ》したては、責任《せきにん》のある仕事《しごと》を任《まか》されないので、仕事《しごと》の面白《おもしろ》さを感《かん》じられずに辞《や》めてしまう人《ひと》もいます。他《ほか》がよく見《み》えても、どこに転職《てんしょく》してもこれは同《おな》じです。

3年《ねん》くらい経《た》つと、責任《せきにん》のある仕事《しごと》を任《まか》されるので、大変《たいへん》ですが本当《ほんとう》の仕事《しごと》の面白《おもしろ》さが少《すこ》しわかるようになります。そこまでがんばった上《うえ》で、転職《てんしょく》するかどうか考《かんが》えてみては？

ガラパゴスゾウガメ

Q《キュー》 働《はたら》かないとダメ？（フジツボ）

A《エー》 働《はたら》くことで社会《しゃかい》の一員《いちいん》になれる

そうですね。働《はたら》くのは、自分自身《じぶんじしん》が食《た》べていくため以外《いがい》にも、お給料《きゅうりょう》の一部《いちぶ》が病気《びょうき》や何《なに》かの事情《じじょう》で働《はたら》けない方《かた》を支《ささ》えていたり、道路《どうろ》や学校《がっこう》など社会《しゃかい》をつくるものに使《つか》われていたりするのです。あなたは誰《だれ》かを支《ささ》え、あなたも誰《だれ》かに支《ささ》えられている。そういうことに幸《しあわ》せを感《かん》じられる動物社会《どうぶつしゃかい》にするためにも、ぜひ自分《じぶん》ができるお仕事《しごと》を見《み》つけてください。

ミツバチ

第《だい》3章《しょう》

おしゃれにまつわる仕事《しごと》

ANIMAL Profession CATALOG

ファッションモデル

仕事内容《しごとないよう》 衣装《いしょう》やアクセサリーを身《み》につけ、ブランドやファッションを引《ひ》き立《た》てる仕事《しごと》。常日頃《つねひごろ》から美《うつく》しいスタイルを維持《いじ》し、ファッションのトレンドに敏感《びんかん》であることも大切《たいせつ》。●収入《しゅうにゅう》★ ●競争倍率《きょうそうばいりつ》★★

流行《りゅうこう》の服《ふく》を華麗《かれい》に着《き》こなしさっそうと歩《ある》く

スーパーモデル

タンビカンザシフウチョウ

こんな動物《どうぶつ》たちも活躍中《かつやくちゅう》！
キリン／ゲレヌクなど

1 お仕事《しごと》チェック!

黒《くろ》を着《き》こなしたい本物《ほんもの》のモデルを求《もと》む

モデルといっても、前衛的《ぜんえいてき》な芸術表現《げいじゅつひょうげん》のものからカジュアルなもの、読者《どくしゃ》モデルまで多様《たよう》です。ショー、ファッション雑誌《ざっし》、広告《こうこく》などが活躍《かつやく》の場《ば》となります。

我々《われわれ》タンビカンザシフウチョウは極楽鳥《ごくらくちょう》グループの中《なか》でも、ワンランク上《うえ》の〝黒《くろ》〟を着《き》こなすことにこだわるモデル事務所《じむしょ》です。光《ひかり》の99.95％《パーセント》を吸収《きゅうしゅう》するブラックホールのような羽《はね》の漆黒《しっこく》がコーポレートカラーです。ファッションショーのランウェイを華麗《かれい》に歩《ある》きたい方《かた》を募集《ぼしゅう》します。

住所《じゅうしょ》 パプアニューギニア本社《ほんしゃ》
理念《りねん》 黒《くろ》を着《き》こなせてこそ本物《ほんもの》

もしもタンビカンザシフウチョウ（若手《わかて》）が就活《しゅうかつ》したら……!?

2 履歴書《りれきしょ》

タンビカンザシフウチョウ（若手《わかて》）

経歴《けいれき》

パプアニューギニア出身《しゅっしん》

前職《ぜんしょく》 アパレル企業《きぎょう》

長所《ちょうしょ》 ダンスが得意《とくい》です

短所《たんしょ》 真剣《しんけん》にやっているのに、なぜか笑《わら》われてしまいます……

志望動機《しぼうどうき》

一度《いちど》はアパレル関係《かんけい》の会社《かいしゃ》に就職《しゅうしょく》しましたが、小《ちい》さい頃《ころ》からの夢《ゆめ》が捨《す》てられず応募《おうぼ》しました。ハイブランドのファッションショーに出演《しゅつえん》できるような、スーパーモデルを目指《めざ》しています。日々《ひび》、モデルとしての決《き》めポーズに磨《みが》きをかけています。

3 採用《さいよう》テスト

決《き》めポーズ

採用者《さいようしゃ》メッセージ

弱点《じゃくてん》は強《つよ》みになる
発想《はっそう》の転換《てんかん》を！

まだまだ、黒《くろ》を着《き》こなせるレベルにはないようですが、光《ひか》るものは感《かん》じました。どうせなら、笑《わら》われるのではなく、笑《わら》わせることを考《かんが》えてみては。まずはチラシのモデルから。詳細《しょうさい》は後日連絡《ごじつれんらく》します。

❗もっと知《し》ろう

タンビカンザシフウチョウは、パプアニューギニアの森《もり》に生息《せいそく》。オスがメスに羽《はね》を広《ひろ》げて華麗《かれい》な求愛《きゅうあい》ダンスをする。広《ひろ》げた羽《はね》は円盤形《えんばんがた》で、人《ひと》の顔《かお》のような模様《もよう》がカラフルな色彩《しきさい》で描《えが》かれている。

採《さい》用

ファッションデザイナー

お仕事《しごと》チェック！ 1

仕事内容《しごとないよう》 アパレル業界《ぎょうかい》において、世《よ》の中《なか》の流行《りゅうこう》をとらえて、洋服《ようふく》の企画《きかく》・デザインをする重要《じゅうよう》な役割《やくわり》。自分《じぶん》の手《て》でブームをつくり出《だ》せるのは、何物《なにもの》にも代《か》えがたいやりがい。●収入《しゅうにゅう》★★ ●競争倍率《きょうそうばいりつ》★

大御所《おおごしょ》デザイナー

キジオライチョウ

こんな動物《どうぶつ》たちも活躍中《かつやくちゅう》！
アオミノウミウシ／ヤドクガエルなど

ファッションで世《よ》の中《なか》に新《あたら》しい風《かぜ》をつくる

ファッション市場《しじょう》で勝《か》ち抜《ぬ》けるデザインを！

服飾《ふくしょく》のデザイナーは、服《ふく》のイメージをデザイン画《が》に落《お》とし込《こ》む職業《しょくぎょう》。アパレル（衣《い》服《ふく》）企業《きぎょう》に勤《つと》める他《ほか》、ファッションショーに出展《しゅってん》するフリーのデザイナーなども活躍《かつやく》しています。

私《わたくし》どもキジオライチョウは、独特《どくとく》の尖《とが》った尾羽《おばね》と胸《むね》のデザインがブランドマーク。数百羽《すうひゃくわ》集《あつ》まるレック（集団求愛場《しゅうだんきゅうあいじょう》）で毎年《まいとし》ファッションを競《きそ》い合《あ》う、アパレル企業《きぎょう》です。業界《ぎょうかい》で勝《か》ち抜《ぬ》けるセンスを持《も》つデザイナーを募集《ぼしゅう》。まずは作品《さくひん》をお送《おく》りください。

住所《じゅうしょ》 アメリカ合衆国本社《がっしゅうこくほんしゃ》
理念《りねん》 強《つよ》いこと、それは美《うつく》しさ

もしもヤマアラシが就活《しゅうかつ》したら……!?

2 履歴書《りれきしょ》

ヤマアラシ

経歴《けいれき》

マレーシア出身《しゅっしん》

前職《ぜんしょく》 新卒《しんそつ》（服飾専門学校卒《ふくしょくせんもんがっこうそつ》）

長所《ちょうしょ》 徹夜《てつや》がとにかく得意《とくい》

短所《たんしょ》 コミュニケーションが下手《へた》

志望動機《しぼうどうき》

針《はり》の扱《あつか》いが得意《とくい》なので、裁縫《さいほう》を仕事《しごと》にしたいと思《おも》い専門学校《せんもんがっこう》で本格的《ほんかくてき》に学《まな》びました。初対面《しょたいめん》の人《ひと》と話《はな》すのは苦手《にがて》で、つい針《はり》を向《む》けてしまいますが、几帳面《きちょうめん》で集中力《しゅうちゅうりょく》はあるので、時間《じかん》を正確《せいかく》に守《まも》って、完璧《かんぺき》に納《のう》品《ひん》できます。

3 採用《さいよう》テスト

針地獄《はりじごく》

採用者《さいようしゃ》メッセージ

裁縫《さいほう》の技術《ぎじゅつ》と実直《じっちょく》な人柄《ひとがら》を評価《ひょうか》

ファッションセンスに些《いささ》か不安《ふあん》があり即戦力《そくせんりょく》にはなりませんが、実直《じっちょく》な人柄《ひとがら》を評価《ひょうか》して採用《さいよう》としました。何《なに》か嫌《いや》なことがあっても、もう針《はり》で刺《さ》すのはやめてください。

！もっと知《し》ろう

キジオライチョウは、北米《ほくべい》の草原《そうげん》に生息《せいそく》する鳥《とり》。繁殖期《はんしょくき》には数百羽《すうひゃくわ》でレック（集団求愛場《しゅうだんきゅうあいじょう》）をつくり、胸《むね》にある大《おお》きな空気袋《くうきぶくろ》を使《つか》ってポコポコと音《おと》を鳴《な》らして、オスがメスに求愛《きゅうあい》ダンスを踊《おど》る。

採用《さいよ》

理《り》容《よう》師《し》・美《び》容《よう》師《し》

仕事内容《しごとないよう》 髪型《かみがた》を整《ととの》える、世《よ》の中《なか》に欠《か》かせない仕事《しごと》。理容師《りようし》と美容師《びようし》は、いずれも国家資格《こっかしかく》が必要《ひつよう》。おしゃれなサロンから個人店《こじんてん》、10分《ぷん》カットのチェーン店《てん》まで業態《ぎょうたい》は幅広《はばひろ》い。●収入《しゅうにゅう》★ ●競争倍率《きょうそうばいりつ》★★

自由自在《じゆうじざい》にその人《ひと》に合《あ》ったヘアスタイルに！

カリスマ美容師《びようし》

ラッコ

こんな動物《どうぶつ》たちも活躍中《かつやくちゅう》！
ハサミムシ／カニなど

1 お仕事《しごと》チェック！

オーダーに合《あ》わせて老若男女《ろうにゃくなんにょ》の髪《かみ》をカット

髪《かみ》を切《き》って整《ととの》える理容《りよう》に関《かか》わるお仕事《しごと》。その昔《むかし》は医術《いじゅつ》に準《じゅん》ずる仕事《しごと》として位置《いち》づけられていたことも。子《こ》どもからお年寄《としよ》りまで、様々《さまざま》な人《ひと》を相手《あいて》にするのも魅力《みりょく》のひとつ。

器用《きよう》でこだわりが強《つよ》く、仕事《しごと》が丁寧《ていねい》なのがウリのラッコの美容室《びようしつ》です。特《とく》に特殊《とくしゅ》な手《て》はマッサージにも向《む》いており、もみほぐしでは最上級《さいじょうきゅう》のリラクゼーションを提供《ていきょう》。ちなみに、我々《われわれ》の毛質《けしつ》も最上級《さいじょうきゅう》で、ほ乳類《にゅうるい》で最《もっと》も毛深《けぶか》く1平方《へいほう》センチメートルに10万本《まんぼん》生《は》えているのが自慢《じまん》です！

住所《じゅうしょ》 日本《にほん》・北海道《ほっかいどう》（支店《してん》）
理念《りねん》 リピーター率《りつ》No.《ナンバー》1

もしもザリガニが就活《しゅうかつ》したら……!?

2 履歴書《りれきしょ》

ザリガニ

経歴《けいれき》
アメリカ合衆国《がっしゅうこく》
出身《しゅっしん》

前職《ぜんしょく》 フリーター
長所《ちょうしょ》 子《こ》ども好《ず》き
短所《たんしょ》 少《すこ》し短気《たんき》。ハサミの根元《ねもと》の毛《け》にふれると、ハサミがしまる

志望動機《しぼうどうき》
ハサミを使《つか》うのが得《とく》意《い》で、特技《とくぎ》を活《い》かした仕事《しごと》に就《つ》きたいと思《おも》い志望《しぼう》しました。お客様《きゃくさま》と地域《ちいき》の信頼《しんらい》を得《え》られるように、がんばりたいと思《おも》います。

3 採用《さいよう》テスト

採用者《さいようしゃ》メッセージ

あなたのハサミが我々《われわれ》には必要《ひつよう》です!

あまり公《おおやけ》にできませんが、私《わたくし》どもラッコは、実《じつ》はハサミをにぎるのが苦手《にがて》なので、即戦力《そくせんりょく》として期待《きたい》しております。ただし、むやみやたらに、はさむのは止《や》めてください。

パンキッシュヘア

! もっと知《し》ろう

ラッコは、北半球《きたはんきゅう》の寒《さむ》い海《うみ》の沿岸《えんがん》に生息《せいそく》するイタチの仲間《なかま》。ほ乳類《にゅうるい》で最《もっと》も毛深《けぶか》く、毛質《けしつ》も良《よ》い。毛《け》は防寒《ぼうかん》・撥水《はっすい》のために手入《てい》れが重要《じゅうよう》で、手《て》のひらを使《つか》った毛《け》づくろいを常《つね》に行《おこな》っている。

採用

ツ

ヘアメイクアーティスト

1 お仕事《しごと》チェック!

仕事内容《しごとないよう》 テレビや雑誌《ざっし》、結婚式場《けっこんしきじょう》、写真《しゃしん》スタジオなど、働《はたら》く職《しょく》場《ば》は幅広《はばひろ》い。有名芸能人《ゆうめいげいのうじん》やモデルの専属《せんぞく》になるなど、実力《じつりょく》しだいでフリーランスで活動《かつどう》することも可能《かのう》になる。●収入《しゅうにゅう》★ ●競争倍率《きょうそうばいりつ》★★

その動物《どうぶつ》の魅力《みりょく》を最大限《さいだいげん》に引《ひ》き出《だ》す美容《びよう》の魔術師《まじゅつし》

売《う》れっ子《こ》ヘアメイク

ワタボウシタマリン

こんな動物《どうぶつ》たちも活躍中《かつやくちゅう》!
アビシニアコロブス／レッサーパンダなど

美容系《びようけい》から特殊系《とくしゅけい》まで何《なん》でもござれ

テレビ、映画《えいが》、ファッションショーなどに出演《しゅつえん》する芸能《げいのう》人《じん》やモデルの髪型《かみがた》をつくったり、様々《さまざま》なメイクをしたりする、美容《びよう》の魔術師《まじゅつし》です。

霊長類《れいちょうるい》の中《なか》でも特《とく》に髪型《かみがた》にこだわりがあるのが、私《わたし》どもワタボウシタマリン。自分《じぶん》の髪《かみ》はもちろん、家族《かぞく》の髪《かみ》をいじるのが誰《だれ》よりも好《す》き。寝癖《ねぐせ》やゴミがついていれば即座《そくざ》になおします。そういうヘアメイクに情熱《じょうねつ》のある方《かた》を募集《ぼしゅう》しています。まずは、私《わたし》のアシスタントとして働《はたら》いてもらいます。

住所《じゅうしょ》 南米《なんべい》・コロンビア（本店《ほんてん》）
理念《りねん》 迅速《じんそく》、丁寧《ていねい》、こだわり

おしゃれにまつわる仕事《しごと》

もしもカンムリカイツブリが就活《しゅうかつ》したら……!?

2 履歴書《りれきしょ》

カンムリカイツブリ

朝《あさ》のセットに時間《じかん》をかける

経歴《けいれき》
日本出身《にほんしゅっしん》

前職《ぜんしょく》 漁師《りょうし》
長所《ちょうしょ》 髪型《かみがた》を年《ねん》２回《かい》は変《か》える
短所《たんしょ》 協調性《きょうちょうせい》がない

志望動機《しぼうどうき》
髪型《かみがた》に強《つよ》いこだわりがあり、自分《じぶん》より美《うつく》しい髪型《かみがた》をしている者《もの》に嫉妬《しっと》することもあります。ただの美《うつく》しさの追求《ついきゅう》ではなく、周囲《しゅうい》の環境《かんきょう》に映《は》える髪型《かみがた》を考《かんが》えてみたいです。特殊《とくしゅ》メイクにも興味《きょうみ》があります。

3 採用《さいよう》テスト

採用者《さいようしゃ》メッセージ

**あなたの美意識《びいしき》に期待《きたい》
冬《ふゆ》も手《て》を抜《ぬ》かずに！**

あなたは、ヘアメイクへの美意識《びいしき》はとても高《たか》いようですね。アシスタントとして採用《さいよう》します。ただし、冬《ふゆ》は髪型《かみがた》が少《すこ》しおとなしくなるようですので、気《き》を抜《ぬ》かずにがんばってください。

夏羽《なつばね》と冬羽《ふゆばね》

夏《なつ》
今年《ことし》こそ彼女《かのじょ》をゲットだぜ!!
ドハデ〜
冬《ふゆ》
……また来年《らいねん》がんばろ…
ヒュウウウゥ

! もっと知《し》ろう

ワタボウシタマリンは、南米《なんべい》・コロンビアのジャングルに生息《せいそく》するリスのような小型《こがた》のサル。白《しろ》い綿帽子《わたぼうし》のような髪型《かみがた》（冠毛《かんもう》）が特徴《とくちょう》で、家族単位《かぞくたんい》の群《む》れをつくる。頭髪《とうはつ》に触《ふ》れ合《あ》うのは絆《きずな》を深《ふか》める行動《こうどう》。

採用

ネイルアーティスト

仕事内容《しごとないよう》 爪《つめ》を整《ととの》えて、ネイルアクセサリーをつけたり、絵《え》を描《か》いたりして、美《うつく》しく装飾《そうしょく》する仕事《しごと》。ネイルサロンだけでなく、エステサロン、美容室《びようしつ》などでも働《はたら》ける。●収入《しゅうにゅう》★ ●競争倍率《きょうそうばいりつ》★★

手元《てもと》を美《うつく》しく演出《えんしゅつ》する
爪《つめ》の芸術家《げいじゅつか》

ネイルアーティスト
ラーテル

こんな動物《どうぶつ》たちも活躍中《かつやくちゅう》！
オオアリクイ／ナマケモノ

1 お仕事《しごと》チェック！

手先《てさき》の器用《きよう》さとセンスで爪《つめ》を彩《いろど》る

手足《てあし》の爪《つめ》をファッショナブルに装飾《そうしょく》したり、化粧《けしょう》をほどこしたりする職業《しょくぎょう》。爪《つめ》を美《うつく》しく整《ととの》えるだけでなく、ときにはキャンバスに見立《みた》てて描画《びょうが》するので、アーティストとしての技能《ぎのう》も重要《じゅうよう》になります。

ネイルサロンを営《いとな》む、私《わたくし》どもラーテルは、あまり大《おお》きなからだではありませんが、巨大《きょだい》な爪《つめ》だけは誰《だれ》にも負《ま》けません。我《われ》こそは爪自慢《つめじまん》という方《かた》、とにかく爪《つめ》いじりが大好《だいす》きという方《かた》は、ドシドシご応《おう》募《ぼ》ください！

住所《じゅうしょ》 アフリカ（支店《してん》）
理念《りねん》 どんなことにも動《どう》じない

もしもクズリが就活《しゅうかつ》したら……!?

2 履歴書《りれきしょ》

クズリ

経歴《けいれき》

ロシア出身《しゅっしん》

前職《ぜんしょく》 ハングレ集団《しゅうだん》リーダー

長所《ちょうしょ》 負《ま》けず嫌《ぎら》い

短所《たんしょ》 気《き》が短《みじか》い

志望動機《しぼうどうき》

なかなか真《ま》っ当《とう》な仕《し》事《ごと》に就《つ》けず、一《いち》からやり直《なお》そうと思《おも》い、自分《じぶん》の好《す》きな部分《ぶぶん》＝爪《つめ》を活《い》かした仕事《しごと》に就《つ》きたいと思《おも》い志望《しぼう》した。クレーマーとかが来店《らいてん》したら、コテンパンにやってやりますので、おまかせください!

3 採用《さいよう》テスト

採用者《さいようしゃ》メッセージ

ツメはご立派《りっぱ》ですがアーティスト感覚《かんかく》が……

慎重《しんちょう》に検討《けんとう》した結果《けっか》、私《わたくし》どもより立派《りっぱ》な爪《つめ》をお持《も》ちですが、貴殿《きでん》はファッションにはあまり関心《かんしん》が無《な》さそうなので、採用《さいよう》を見送《みおく》らせていただきました。
→クズリさんにおすすめの仕事《しごと》は「殺《ころ》し屋《や》」（P182）

最強《さいきょう》の爪《つめ》

! もっと知《し》ろう

ラーテルは、アフリカ～西《にし》アジアのサバンナに生息《せいそく》する大型《おおがた》のイタチの仲間《なかま》。クマ並《な》みの大《おお》きな爪《つめ》を持《も》ち武器《ぶき》として使《つか》う他《ほか》、穴《あな》を掘《ほ》るのも大得意《だいとくい》。蜂蜜《はちみつ》が大《だい》好物《こうぶつ》で、爪《つめ》を使《つか》ってハチの巣《す》を壊《こわ》す。

不《ふ》採《さい》用《よう》

ジュエリーデザイナー

仕事内容《しごとないよう》 お客《きゃく》さんの要望《ようぼう》に合《あ》わせて、ジュエリーのデザインをする仕事《しごと》。ジュエリーの制作《せいさく》は、専門《せんもん》の職人《しょくにん》などにお願《ねが》いする人《ひと》もいれば、自《みずか》ら手掛《てが》ける人《ひと》も。●収入《しゅうにゅう》★★ ●競争倍率《きょうそうばいりつ》★★

心《こころ》を魅《み》了《りょう》するような アクセサリーをつくる

ジュエリーデザイナー
カワセミ

こんな動物《どうぶつ》たちも活躍中《かつやくちゅう》！
ルリクワガタ／ホウセキゾウムシ

1 お仕事《しごと》チェック！

特別《とくべつ》なプレゼントとなるジュエリーをデザイン

指輪《ゆびわ》、ネックレス、ブレスレットなどのアクセサリーを、宝石《ほうせき》や貴金属《ききんぞく》（金《きん》、銀《ぎん》、プラチナ）などを使《つか》いデザインする職業《しょくぎょう》。

宝石店《ほうせきてん》を営《いとな》む、私《わたし》たちカワセミは、〝空《そら》飛《と》ぶ宝石《ほうせき》〟と呼《よ》ばれる美《うつく》しいヒスイ色《いろ》が自慢《じまん》。また、愛《あい》の雰囲気《ふんいき》を大切《たいせつ》にするので、求愛《きゅうあい》ではオスからメスへプレゼントを贈《おく》るロマンチストです。宝石《ほうせき》のデザインには素敵《すてき》なストーリーを演出《えんしゅつ》。古今東西《ここんとうざい》、人々《ひとびと》の心《こころ》を魅了《みりょう》する美《うつく》しい宝石《ほうせき》や貴金属《ききんぞく》を、一《いっ》緒《しょ》につくりましょう。

住所《じゅうしょ》 日本《にほん》・東京《とうきょう》・上野御徒町《うえのおかちまち》
理念《りねん》 宝石《ほうせき》に負《ま》けない輝《かがや》き

もしもタマムシが就活《しゅうかつ》したら……!?

2 履歴書《りれきしょ》

タマムシ

経歴《けいれき》
日本出身《にほんしゅっしん》

前職《ぜんしょく》 政治家《せいじか》

長所《ちょうしょ》 いつまでも色《いろ》あせない

短所《たんしょ》 解釈《かいしゃく》によって、どっちにもとれる言《い》い方《かた》を、ついしてしまう

志望動機《しぼうどうき》
光《ひか》り輝《かがや》くものに関心《かんしん》があるような無《な》いような、自分《じぶん》でも宝石《ほうせき》をデザインしてみたいような、してみたく無《な》いような。仕事《しごと》を長《なが》く続《つづ》けられる自信《じしん》があるような、無《な》いような。

3 採用《さいよう》テスト

タマムシの輝《かがや》き

採用者《さいようしゃ》メッセージ

作品《さくひん》は素敵《すてき》ですが熱意《ねつい》が伝《つた》わりません

慎重《しんちょう》に検討《けんとう》した結果《けっか》、才能《さいのう》は認《みと》められますが、貴殿《きでん》の熱意《ねつい》が伝《つた》わりにくく、今回《こんかい》は不採用《ふさいよう》とさせて頂《いただ》きます。→タマムシさんにおすすめの仕事《しごと》は「販売員《はんばいいん》」(P166)

！もっと知《し》ろう

カワセミは、世界中《せかいじゅう》の水辺《みずべ》に広《ひろ》く分布《ぶんぷ》し、日本《にほん》の都会《とかい》の公園《こうえん》でも見《み》ることができる。英語《えいご》ではキングフィッシャー（魚捕《さかなと》りの王様《おうさま》）と呼《よ》ばれるほど、魚《さかな》を捕《と》るのが上手《じょうず》な鳥《とり》でもある。

仕事内容《しごとないよう》 香《かお》りについて学《まな》ぶ専門《せんもん》の学校《がっこう》を出《で》た後《あと》に、香料《こうりょう》を扱《あつか》う企業《きぎょう》に就職《しゅうしょく》し、研究職《けんきゅうしょく》に就《つ》くケースが多《おお》い。香水《こうすい》や化粧品《けしょうひん》の世界《せかい》だけでなく、食品《しょくひん》の世界《せかい》でも需要《じゅよう》は高《たか》い。●収入《しゅうにゅう》★★ ●競争倍率《きょうそうばいりつ》★★

調《ちょう》香《こう》師《し》

様々《さまざま》な香《かお》りを生《う》み出《だ》す香《かお》りの専門家《せんもんか》

パフューマー

ジャコウネコ

こんな動物《どうぶつ》たちも活躍中《かつやくちゅう》！
ジャコウジカ／マッコウクジラなど

1 お仕事《しごと》チェック！

香《かお》りの原液《げんえき》を薄《うす》めて高級《こうきゅう》な甘《あま》い香《かお》りをつくる

食品《しょくひん》や化粧品《けしょうひん》などの香《かお》りを調合《ちょうごう》する職業《しょくぎょう》。香水《こうすい》などの調《ちょう》香師《こうし》はパフューマー、食品《しょくひん》の調香師《ちょうこうし》はフレーバリストと呼《よ》ばれています。

香水店《こうすいてん》を経営《けいえい》する私《わたくし》どもジャコウネコは、ネコとは遠《とお》縁《えん》で原始的《げんしてき》な肉食獣《にくしょくじゅう》グループですが、お尻《しり》から独特《どくとく》のニオイを出《だ》す得意技《とくいわざ》を業務《ぎょうむ》に活《い》かしております。原液《げんえき》は悪臭《あくしゅう》ですが、数千倍《すうせんばい》に薄《うす》めると高級《こうきゅう》な甘《あま》い香水《こうすい》へと生《う》まれ変《か》わります。調香《ちょうこう》の奥深《おくぶか》い世界《せかい》に関《かん》心《しん》がある方《かた》はぜひ！

住所《じゅうしょ》 東南《とうなん》アジア（支店《してん》）
理念《りねん》 香《かお》りはコスチューム

もしもミイデラゴミムシが就活《しゅうかつ》したら……!?

2 履歴書《りれきしょ》

ミイデラゴミムシ

経歴《けいれき》
日本出身《にほんしゅっしん》

前職《ぜんしょく》 葬祭業《そうさいぎょう》

長所《ちょうしょ》 勤勉《きんべん》

短所《たんしょ》 緊張《きんちょう》すると、ついついオナラをしてしまう

志望動機《しぼうどうき》
ジャコウネコさんも、お尻《しり》から出《だ》すニオイでファッション界《かい》から注目《ちゅうもく》されているので、私《わたし》も同《おな》じ特技《とくぎ》を活《い》かして新《あたら》しい世界《せかい》にチャレンジしたくて志望《しぼう》しました。

3 採用《さいよう》テスト

もう、我慢《がまん》の限界《げんかい》

採用者《さいようしゃ》メッセージ

ガス爆発《ばくはつ》はご勘弁《かんべん》ください

慎重《しんちょう》に検討《けんとう》した結果《けっか》、貴殿《きでん》のお尻《しり》から出《だ》すニオイは100℃《ど》の高温《こうおん》に達《たっ》して危険極《きけんきわ》まりないので、今回《こんかい》は採用《さいよう》を見送《みおく》らせてもらいました。→ミイデラゴミムシさんにおすすめの仕事《しごと》は「清掃業《せいそうぎょう》」(P130)

! もっと知《し》ろう

ジャコウネコは、スカンクと同《おな》じように危険《きけん》なときにニオイを発《はっ》する臭腺《しゅうせん》がお尻《しり》にある。コーヒー豆《まめ》を食《た》べさせて、糞《ふん》から回収《かいしゅう》することで香《かお》りをつけた高級《こうきゅう》コーヒー豆《まめ》「コピ・ルアク」も有名《ゆうめい》。

不採用《ふさいよう》

フラワーデザイナー

1 お仕事《しごと》チェック!

仕事内容《しごとないよう》 結婚式場《けっこんしきじょう》やイベント会場《かいじょう》など、多《おお》くの人《ひと》が集《あつ》まる空間《くうかん》を、花《はな》を使《つか》って華《はな》やかに彩《いろど》る職業《しょくぎょう》。花《はな》の知識《ちしき》はもちろん、花《はな》を見《み》せるセンスが必要《ひつよう》となる。●収入《しゅうにゅう》★★ ●競争倍率《きょうそうばいりつ》★★

フラワーデザイナー

ハナカマキリ

花《はな》になりきって色《いろ》と形《かたち》と香《かお》りで演出《えんしゅつ》する 美《うつく》しすぎる芸術家《げいじゅつか》

こんな動物《どうぶつ》たちも活躍中《かつやくちゅう》！
ハナグモ／チョウチョなど

私《わたし》という花《はな》に止《と》まれるのは覚悟《かくご》のある者《もの》だけ

お客《きゃく》さんの用途《ようと》や希望《きぼう》に合《あ》わせて、花《はな》の種類《しゅるい》、色《いろ》、形《かたち》を選《えら》び、美《うつく》しくデザインする仕事《しごと》。芸術表現《げいじゅつひょうげん》を追求《ついきゅう》するアーティストとして活躍《かつやく》するケースもあります。

押《お》しも押《お》されもせぬ人気《にんき》フラワーデザイナーである、私《わたし》ハナカマキリは、花《はな》の美《うつく》しさ(専門《せんもん》はランの花《はな》)に魅了《みりょう》されて全身《ぜんしん》コーディネイトして、花《はな》の気持《きも》ちになりきっています。気安《きやす》く花《はな》に止《と》まるやつは許《ゆる》しません！

仕事《しごと》をサポートしてくれる弟子《でし》を募集中《ぼしゅうちゅう》です。

住所《じゅうしょ》 東南《とうなん》アジア・インドネシア本店《ほんてん》
理念《りねん》 花《はな》は心《こころ》のサプリメント

もしもハナアブが就活《しゅうかつ》したら……!?

2 履歴書《りれきしょ》

ハナアブ

ハチのようでハエの仲間《なかま》です

経歴《けいれき》
東京都大田区《とうきょうとおおたく》出身《しゅっしん》

前職《ぜんしょく》 パティシエ（スイーツ店《てん》）

長所《ちょうしょ》 性格《せいかく》はおだやかで、他人《たにん》を傷《きず》つけない

短所《たんしょ》 すぐ他人《たにん》のマネをしてしまう

志望動機《しぼうどうき》
甘《あま》い物《もの》が好《す》きでスイーツ店《てん》を経営《けいえい》していましたが、花《はな》の美《うつく》しさに魅了《みりょう》されてデザインに興味《きょうみ》を持《も》ち、もっと花《はな》の世界《せかい》について学《まな》びたいと思《おも》いました。好《す》きなお花《はな》は、菜《な》の花《はな》です。

3 採用《さいよう》テスト

採用者《さいようしゃ》メッセージ

お花《はな》にとまることは許《ゆる》しません！

ミツバチのふりをしているようだけど、私《わたし》はお見通《みとお》しです。ハチではなく、ハエの仲間《なかま》だということを。あなた、気安《きやす》くお花《はな》に止《と》まってない？　カマで八《や》つ裂《ざ》きにして、食《た》べるわよっ！

ニセモノ疑惑《ぎわく》

! もっと知《し》ろう

ハナカマキリは、東南《とうなん》アジアに生息《せいそく》するカマキリの仲間《なかま》。花《はな》の蜜《みつ》に集《あつ》まるチョウなどの昆虫《こんちゅう》を待《ま》ち伏《ぶ》せして捕食《ほしょく》する。ラン科植物《かしょくぶつ》の花《はな》に擬態《ぎたい》しており美《うつく》しい。幼虫《ようちゅう》はアリに擬態《ぎたい》している。

不採用《ふさいよう》

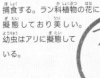

実態《じったい》をあばく！

日頃《ひごろ》から「ブラック企業《きぎょう》」との噂《うわさ》があったサムライアリの経営《けいえい》する闇企業《やみきぎょう》に、本誌記者《ほんしきしゃ》が潜入調査《せんにゅうちょうさ》を敢行《かんこう》。サムライアリがクロヤマアリを捕獲《ほかく》する様子《ようす》や、奴隷《どれい》として様々《さまざま》な強制労働《きょうせいろうどう》をさせている実態《じったい》をスクープした。

何《なん》でもアリの闇企業《やみきぎょう》！

サムライアリの奴隷狩《どれいが》り現場《げんば》をスクープ

サムライアリは、一見《いっけん》すると日系企業《にっけいきぎょう》のような名前《なまえ》だが、日本以外《にほんいがい》に中国《ちゅうごく》や朝鮮半島《ちょうせんはんとう》など東《ひがし》アジアにも多《おお》くの支店《してん》をもつ。この闇企業《やみきぎょう》は、毎年夏《まいとしなつ》に求人《きゅうじん》をよく出《だ》すが、巣《す》のそばで正社員《せいしゃいん》の出入《でい》りを見《み》かけた者《もの》は少《すく》ない。その衝撃理由《しょうげきりゆう》が明《あき》らかに！ 実《じつ》はサムライアリの拉致担当係《らちたんとうがかり》が、近《ちか》くにいるクロヤマアリの社長《しゃちょう》（女王《じょおう》アリ）を殺《ころ》して、その巣《す》の働《はたら》きアリや蛹《さなぎ》を無理矢理《むりやり》つかまえて不法就労《ふほうしゅうろう》させている実態《じったい》が明《あき》らかになった。一方《いっぽう》、サムライアリの正社員《せいしゃいん》（働《はたら》きアリ）は、巣《す》からほとんど出《で》ることはなく、何《なん》とこの無理矢理《むりやり》つかまえてきた派遣社員《はけんしゃいん》に、大変《たいへん》な仕事《しごと》をすべて押《お》しつけてやらせていたのだ。噂《うわさ》されていた通称《つうしょう》〝奴隷狩《どれいが》り〟と呼《よ》ばれるブラックな雇用実態《こようじったい》をついに本誌《ほんし》がスクープした！ いさぎよい武士道《ぶしどう》を重《おも》んじる〝侍《さむらい》〟というよりは、組織的《そしきてき》な拉致工作員《らちこうさくいん》たちで、毎年《まいとし》被害者《ひがいしゃ》の数《かず》も明《あき》らかにされておらず、その闇《やみ》は深《ふか》い。

どうぶつ就職《しゅうしょく》ジャーナル

動物《どうぶつ》ブラック企業《きぎょう》の

クロヤマアリへの 超過酷《ちょうかこく》な 強制労働《きょうせいろうどう》の数々《かずかず》

介護《かいご》（女王《じょおう》の世話《せわ》）

ある日突然《ひとつぜん》「いい介護《かいご》の仕事《しごと》があるよ」と誘《さそ》われたのですが、実《じつ》際《さい》には全《まった》く知《し》らない女王《じょおう》アリの介護《かいご》ばかり。今《いま》さら他《ほか》に仕事《しごと》もないので、一生懸命働《いっしょうけんめいはたら》いていますが。誰《だれ》に相談《そうだん》したらいいのかもわからなくて……。

飲食業《いんしょくぎょう》（エサの回収《かいしゅう》）

私《わたし》は蛹《さなぎ》から羽化《うか》したときから、飲食《いんしょく》業《ぎょう》（エサ調達係《ちょうたつがかり》）として、ここで働《はたら》いていたんですが、実《じつ》は親《おや》が違《ちが》うことを後《あと》で知《し》りました。そのことを知《し》ってから、どうも仕事《しごと》に集中《しゅうちゅう》できないのですが、負《ま》けたくないのでがんばっています。

保育《ほいく》（卵《たまご》や幼虫《ようちゅう》の世話《せわ》など）

保育士《ほいくし》を目指《めざ》していましたが、気《き》がついたら言葉《ことば》の通《つう》じない子《こ》どもたちや卵《たまご》の世話《せわ》をさせられていて……。今《いま》ではやりがいを感《かん》じていますが、そもそも何《なん》でここで働《はたら》いているのか、よくわかりません……。

サムライアリの女社長《おんなしゃちょう》に直撃《ちょくげき》インタビュー！

我《わ》が社《しゃ》は、経営《けいえい》が厳《きび》しい他《ほか》の会社《かいしゃ》（アリの巣《す》）の社員《しゃいん》を引《ひ》き取《と》って面倒《めんどう》をみているのに、“奴隷狩《どれいか》り”などと呼《よ》ばれるのは心外《しんがい》です。入社後《にゅうしゃご》はクロヤマアリさんたちにパワハラすることなく、家族《かぞく》のようなお付《つ》き合《あ》いで、“派遣切《はけんぎ》り”もしない優良企業《ゆうりょうきぎょう》なんですよ。

ブラック企業《きぎょう》ワースト3

ここでは、実際《じっさい》にその会社《かいしゃ》で働《はたら》いている動物《どうぶつ》たちの投票制《とうひょうせい》で業《ぎょう》界《かい》のワースト3を決定《けってい》する。実際《じっさい》に、その業界《ぎょうかい》で働《はたら》く動物《どうぶつ》の生《なま》の証言《しょうげん》も掲載《けいさい》！

PART《パート》 1 長時間労働《ちょうじかんろうどう》

1位《い》 配達員《はいたついん》

ドングリキツツキの証言《しょうげん》：

木《き》の穴《あな》にドングリを詰《つ》め込《こ》むのは得意《とくい》なんだけど、ポストに入《はい》らない荷物《にもつ》ばかりで、おまけに時間指定《じかんしてい》しているのに最近留守《さいきんるす》の人《ひと》が多《おお》くて、何度《なんど》も再配達《さいはいたつ》するの面倒《めんどう》くさいんだよね……マジ今日《きょう》も残業《ざんぎょう》。

2位《い》 IT《アイティー》企業《きぎょう》

ベルツノガエルの証言《しょうげん》：

パソコンの前《まえ》で動《うご》かずに、24時間《じかん》働《はたら》くのは苦《く》ではないけど、突発的《とっぱつてき》にシステムダウンしたときの客《きゃく》のクレームに、毎回生《まいかいい》きた心地《ここち》がしないんだよね……。そういう休日《きゅうじつ》出勤《しゅっきん》の分《ぶん》も給料《きゅうりょう》もっと上《あ》げて欲《ほ》しいわ。

3位《い》 教師《きょうし》

ライオンの証言《しょうげん》：

土日休《どにちやす》みで、夏休《なつやす》みもあると思《おも》って教職《きょうしょく》に就《つ》いたのに、実際《じっさい》は休《やす》みは部活《ぶかつ》の顧問《こもん》で忙《いそが》しいし、土日《どにち》も試験問題《しけんもんだい》の作成《さくせい》や採《さい》点《てん》、問題児《もんだいじ》の家《か》庭訪問《ていほうもん》とかで、プライベートの時間《じかん》が全然《ぜんぜん》無《な》いんだよね……。

現役社員《げんえきしゃいん》が衝撃告白《しょうげきこくはく》！

PART《パート》 2
過酷《かこく》な
仕事環境《しごとかんきょう》

1位《い》 飲食店《いんしょくてん》

ハクビシンの証言《しょうげん》：
最近外国人観光客《さいきんがいこくじんかんこうきゃく》が多《おお》いから、調理《ちょうり》の合間《あいま》に外国語《がいこくご》を勉強《べんきょう》してます。突然《とつぜん》、新型《しんがた》ウイルスなど疫病《えきびょう》が世界的《せかいてき》に流行《はや》ると、飲食業《いんしょくぎょう》も営業自粛《えいぎょうじしゅく》だし、お客《きゃく》もパッタリ来《こ》なくなる。もうやってられないわ……。

2位《い》 美容師《びようし》

ザリガニの証言《しょうげん》：
ライバル店《てん》が目《め》の前《まえ》にオープンして、しかも当店《とうてん》No.《ナンバー》1のカリスマ美容師《びようし》がライバル店《てん》に引《ひ》きぬかれちゃって、お客《きゃく》さん持《も》っていかれちゃったんだよね……。突然《とつぜん》だったので、私《わたし》が全部《ぜんぶ》ひとりでやらなきゃいけないし……。

3位《い》 イラストレーター

アマミホシゾラフグの証言《しょうげん》：
人気《にんき》が出《で》ると仕事《しごと》が集中《しゅうちゅう》して、おまけに依頼主《いらいぬし》が細《こま》かい注文《ちゅうもん》をあれこれ言《い》ってきて、さらに納期《のうき》もむちゃくちゃ短《みじか》くて、何日《なんにち》も徹夜《てつや》になって、このうえなく不健康《ふけんこう》な仕事環境《しごとかんきょう》になっています。

セクハラ＆パワハラ 被害相談室《ひがいそうだんしつ》

ハラスメント（いやがらせ）被害《ひがい》の今《いま》をお伝《つた》えします。

相談《そうだん》❶ 広告代理店勤務《こうこくだいりてんきんむ》 パワハラ

ニホンザル（オス）

４月《がつ》に新《あたら》しく入社《にゅうしゃ》しましたが、男性社員《だんせいしゃいん》の先輩全員《せんぱいぜんいん》から無視《むし》。それでいて挨拶《あいさつ》をしないと、怒《おこ》られます。だんだん上下関係《じょうげかんけい》などがわかってきたので、気《き》をつけています。

「サル山《やま》のサル」か…

相談《そうだん》❶ 金融業勤務《きんゆうぎょうきんむ》 セクハラ

ナキウサギ（メス）

勤務時間中《きんむじかんちゅう》におじさんたちが、「キレイだね」「カワイイね」って。私《わたし》のためにケンカになることも。確《たし》かに私《わたし》がカワイイのは事実《じじつ》ですが、仕事中《しごとちゅう》にしつこく言《い》い寄《よ》るのはやめて。

ホントありえない！

相談《そうだん》❷ 警察官《けいさつかん》

イヌ（オス）

たまたま挨拶《あいさつ》しなかったら、上司《じょうし》から血《ち》が出《で》るくらい思《おも》いっきり咬《か》まれました。食堂《しょくどう》で、先輩《せんぱい》より先《さき》に食《た》べ始《はじ》めようとしたら、殺《ころ》されそうな勢《いきお》いで怒《おこ》られて、食欲減退《しょくよくげんたい》です。

困《こま》ってしまってね……

相談《そうだん》❷ テレビ局勤務《きょくきんむ》

カブトムシ（オス）

友《とも》だちの友《とも》だちの未成年《みせいねん》の彼女《かのじょ》が、深夜番組《しんやばんぐみ》で服《ふく》を脱《ぬ》ぐように言《い》われて、しぶしぶ脱《ぬ》いだらしいです。そうしたら成虫《せいちゅう》になって姿《すがた》が変《か》わって、番組《ばんぐみ》を降板《こうばん》。ヒドくないですか？

第《だい》4章《しょう》
芸術《げいじゅつ》・表現《ひょうげん》にまつわる仕事《しごと》

ANIMAL Profession CATALOG

編集者《へんしゅうしゃ》・ライター

仕事内容《しごとないよう》 本《ほん》の企画《きかく》・編集《へんしゅう》をする編集者《へんしゅうしゃ》と、文筆《ぶんぴつ》を生業《なりわい》とするライター。フリーランスも多《おお》く、出版社《しゅっぱんしゃ》、印刷会社《いんさつがいしゃ》、広告代理店《こうこくだいりてん》など、いろいろな企業《きぎょう》と仕事《しごと》をする。●収入《しゅうにゅう》★ ●競争倍率《きょうそうばいりつ》★

一冊《いっさつ》の本《ほん》を通《とお》して様々《さまざま》なメッセージを読者《どくしゃ》に伝《つた》える

文芸編集者《ぶんげいへんしゅうしゃ》

ヤギ

こんな動物《どうぶつ》たちも活躍中《かつやくちゅう》！
チャタテムシ／シバンムシなど

1 お仕事《しごと》チェック！

小説《しょうせつ》から漫画《まんが》まで本《ほん》のジャンルは幅広《はばひろ》い

本《ほん》の制作《せいさく》を生業《なりわい》とする職業《しょくぎょう》。小説《しょうせつ》、ビジネス、実用《じつよう》、児童《じどう》文学《ぶんがく》、漫画《まんが》、スポーツ、料理《りょうり》などなど、本《ほん》で扱《あつか》う領域《りょういき》は実《じつ》に幅広《はばひろ》い。

私《わたくし》、ヤギは、文芸誌《ぶんげいし》の編《へん》集者《しゅうしゃ》です。連載中《れんさいちゅう》の『沈黙《ちんもく》の頭《ず》突《つ》き王《おう》』が大《だい》ヒット作《さく》となったため、編集《へんしゅう》アシスタントを募集《ぼしゅう》します。それと、本《ほん》誌《し》の中《なか》の企画《きかく》ページの取材《しゅざい》・執筆《しっぴつ》をしてくれるライターも同時《どうじ》に募集中《ぼしゅうちゅう》です。アットホームな職場《しょくば》で一緒《いっしょ》に作品《さくひん》をつくりませんか？

住所《じゅうしょ》 東京都《とうきょうと》江戸川区《えどがわく》
理念《りねん》 目指《めざ》せ100万部《まんぶ》

もしもシミが就活《しゅうかつ》したら……!?

2 履歴書《りれきしょ》

シミ

経歴《けいれき》
日本出身《にほんしゅっしん》

前職《ぜんしょく》 古本屋《ふるほんや》
長所《ちょうしょ》 本《ほん》が好《す》き（食《た》べるのが）
短所《たんしょ》 直射日光《ちょくしゃにっこう》が大《だい》の苦手《にがて》

志望動機《しぼうどうき》
文芸誌《ぶんげいし》『動物界《どうぶつかい》』で連載《れんさい》している『沈黙《ちんもく》の頭突《ずつ》き王《おう》』が好《す》きで、特《とく》に主人公《しゅじんこう》のトカラの生《い》き方《かた》に共感《きょうかん》しました。多《おお》くの人《ひと》を感動《かんどう》させる名作《めいさく》にかかわる仕事《しごと》がしたいと思《おも》い、編集《へんしゅう》アシスタントに応募《おうぼ》しました。

3 採用《さいよう》テスト

採用者《さいようしゃ》メッセージ

本《ほん》が好《す》きという愛情《あいじょう》がよく伝《つた》わってきました

〆切《しめきり》までは、寝《ね》られないけど、がんばってください！　まずはアルバイト採用《さいよう》ですが、がんばり次第《しだい》では、契約社員《けいやくしゃいん》になることも可能《かのう》です。一緒《いっしょ》に、良《よ》い本《ほん》をつくりましょう。

天職《てんしょく》

! もっと知《し》ろう

ヤギは、紀元前《きげんぜん》7000年頃《ねんごろ》、西《にし》アジアに生息《せいそく》するパサンを家畜化《かちくか》した動《どう》物《ぶつ》と考《かんが》えられている。紙《かみ》を好《この》んで食《た》べるのは、昔《むかし》の紙《かみ》は植物繊《しょくぶつせん》維《い》からできており、葉《は》の食感《しょっかん》に似《に》ていたため。

脚本家《きゃくほんか》

仕事内容《しごとないよう》 映画《えいが》やアニメのもとになるシナリオを書《か》くのが役割《やくわり》。映《えい》像《ぞう》やアニメーションを想像《そうぞう》しながらシナリオを書《か》く、想像力《そうぞうりょく》が求《もと》められる仕事《しごと》。シナリオライターともいう。●収入《しゅうにゅう》★★ ●競争倍率《きょうそうばいりつ》★

誰《だれ》もが恐《おそ》れおののく驚愕《きょうがく》のホラーストーリーをつむぎだす

人気脚本家《にんききゃくほんか》

オオカミ

こんな動物《どうぶつ》たちも活躍中《かつやくちゅう》！
ホホジロザメ／アナコンダなど

1 お仕事《しごと》チェック！

様々《さまざま》な物語《ものがたり》を描《えが》く シナリオライターの世界《せかい》

著述業《ちょじゅつぎょう》の中《なか》でも、少《すこ》し変《か》わったジャンルで、映画《えいが》、ドラマ、アニメ、マンガ、舞台《ぶたい》など劇《げき》の台本《だいほん》を執筆《しっぴつ》。

脚本家《きゃくほんか》事務所《じむしょ》を営《いとな》む私《わたくし》どもオオカミは、親子《おやこ》や仲間《なかま》同士《どうし》の愛《あい》のかたちを演出《えんしゅつ》するホームドラマも得意《とくい》ですが、何《なに》より〝恐怖《きょうふ》〟の演出《えんしゅつ》、すなわちホラー作品《さくひん》が得意《とくい》。あらゆる動物《どうぶつ》が恐怖《きょうふ》する、緻密《ちみつ》な戦術《せんじゅつ》を盛《も》り込《こ》んだ伏線回収《ふくせんかいしゅう》ストーリーは定評《ていひょう》あり。20年連《ねんれん》続脚本賞《ぞくきゃくほんしょう》ノミネートを誇《ほこ》ります。脚本家《きゃくほんか》を募集《ぼしゅう》します。

住所《じゅうしょ》 フランス・ジェヴォーダン地方《ちほう》
理念《りねん》 恐怖《きょうふ》こそエンタメ

もしもシャチが就活《しゅうかつ》したら……!?

2 履歴書《りれきしょ》

シャチ

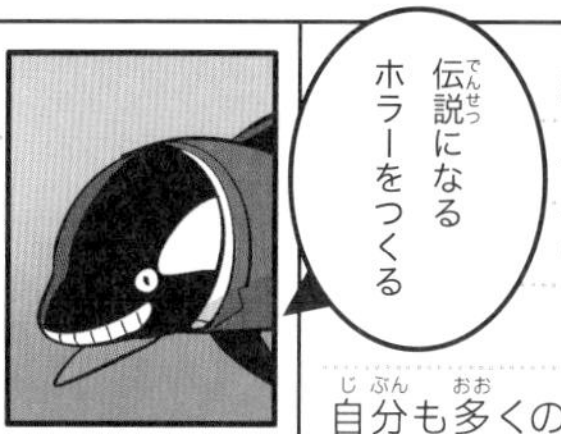

経歴《けいれき》

カナダ・
バンクーバー出身《しゅっしん》

前職《ぜんしょく》 反社会的組織《はんしゃかいてきそしき》（極道《ごくどう》）

長所《ちょうしょ》 家族《かぞく》や仲間《なかま》を大切《たいせつ》にする

短所《たんしょ》 ドS《エス》なところ

志望動機《しぼうどうき》

世界中《せかいじゅう》に数《かず》ある恐怖《きょうふ》伝説《でんせつ》の中《なか》で、オオカミさんのエピソードに最《もっと》も感銘《かんめい》を受《う》けて、自分《じぶん》も多《おお》くの怖《こわ》い話《はなし》を世《よ》に出《だ》したいと思《おも》い志望《しぼう》いたしました。私《わたし》たちシャチも、チーム戦術《せんじゅつ》で狩《か》りをするのが得意《とくい》で、その点《てん》において、オオカミさんとの共通点《きょうつうてん》を感《かん》じています。

3 採用《さいよう》テスト

採用者《さいようしゃ》メッセージ

狩《か》りの描写《びょうしゃ》が極《きわ》めて秀逸《しゅういつ》でした

貴殿《きでん》の作品《さくひん》を拝読《はいどく》いたしましたが、狩《か》りにおける相手《あいて》を怖《こわ》がらせる脚本《きゃくほん》・演出《えんしゅつ》は、アカデミー賞脚本賞《しょうきゃくほんしょう》を狙《ねら》えるクオリティーです。課題《かだい》は、魅力《みりょく》ある動物描写《どうぶつびょうしゃ》です。

絶体絶命《ぜったいぜつめい》

！もっと知《し》ろう

オオカミは、現生《げんせい》のイヌ科動物《かどうぶつ》では最大種《さいだいしゅ》。アフリカ、南米《なんべい》、オーストラリア、南極《なんきょく》には生息《せいそく》していない。知能《ちのう》が高《たか》く、チームで狩《か》りをする戦術家《せんじゅつか》で、世界各地《せかいかくち》で恐怖《きょうふ》の伝説《でんせつ》がある。

仕事内容《しごとないよう》 様々《さまざま》なメディアを活用《かつよう》して、商品《しょうひん》やサービスの宣伝《せんでん》をするのが仕事《しごと》。興味《きょうみ》を引《ひ》くような広告《こうこく》をつくるために、発想《はっそう》の転換《てんかん》や奇抜《きばつ》なアイデアが求《もと》められる。●収入《しゅうにゅう》★★★ ●競争倍率《きょうそうばいりつ》★

Ad

広告代理店《こうこくだいりてん》

広告《こうこく》の力《ちから》で世《よ》の中《なか》の様々《さまざま》なものを欲《ほ》しいと思《おも》わせる

広告代理店《こうこくだいりてん》 営業《えいぎょう》

ニホンザル

こんな動物《どうぶつ》たちも活躍中《かつやくちゅう》！
ムクドリ／クロオウチュウ
など

1 お仕事《しごと》チェック！

情報《じょうほう》や噂《うわさ》を広《ひろ》げて流行《りゅうこう》をつくりだす

クライアント（依頼主《いらいぬし》）の広告活動《こうこくかつどう》を代理《だいり》で行《おこな》う仕事《しごと》で、テレビ、ラジオ、新聞《しんぶん》、雑誌《ざっし》、ウェブなど様々《さまざま》なメディアを駆使《くし》して、宣伝《せんでん》を仕掛《しか》けていきます。

広告代理店《こうこくだいりてん》を営《いとな》む、私《わたくし》どもニホンザルは、新《あたら》しもの好《ず》きで、医食住《いしょくじゅう》に関《かん》して常《つね》に最新情報《さいしんじょうほう》をおさえています。情報《じょうほう》のネットワークを駆使《くし》して噂《うわさ》などをたくみに操作《そうさ》したり、派閥《はばつ》をつくってお得意様《とくいさま》に根回《ねまわ》ししたりして、民衆《みんしゅう》の流行《りゅうこう》を生《う》みだしています。この度《たび》、新年度社員《しんねんどしゃいん》を募集《ぼしゅう》します。

住所《じゅうしょ》 東京都港区《とうきょうとみなとく》
理念《りねん》 クライアント満足度《まんぞくど》No.《ナンバー》1

もしもニホンザル（若手《わかて》）が就活《しゅうかつ》したら……!?

2 履歴書《りれきしょ》

ニホンザル（若手《わかて》）

好奇心《こうきしん》を抑《おさ》えられない

経歴《けいれき》

日本出身《にほんしゅっしん》

前職《ぜんしょく》 新卒《しんそつ》（四大卒《よんだいそつ》）

長所《ちょうしょ》 上《うえ》の人《ひと》には逆《さか》らわない

短所《たんしょ》 野心家《やしんか》

志望動機《しぼうどうき》

広告代理店《こうこくだいりてん》は学生時《がくせいじ》代《だい》から憧《あこが》れの企業《きぎょう》でした。自《じ》分《ぶん》も大《おお》きなプロジェクトにかかわったり、ユニークな企画《きかく》を出《だ》したりしながら、誰《だれ》もが知《し》っているような広告《こうこく》をいつか手《て》掛《が》けられるようになりたいと思《おも》っています。

3 採用《さいよう》テスト

採用者《さいようしゃ》メッセージ

早速仕事《さっそくしごと》をふるので
後《あと》はヨロシクです

スマホの販促案《はんそくあん》、いいと思《おも》います、ってことで採用《さいよう》。早速《さっそく》だけど、メディアミックスのプレゼン資料《しりょう》を送《おく》っておいたので、クライアントにコミットしてPDCA《ピーディーシーエー》で進《すす》めてもらうからヨロシク。

なつかしい広告《こうこく》

おい何《なに》かいいもの拾《ひろ》ったぞ
なんだなんだ
これ電話《でんわ》じゃないか?
ガヤ
ハロー
カメラにもなるぞ
ネットも見《み》られる
ガヤ
他《ほか》の機能《きのう》は…
みんな静《しず》かに!
長老《ちょうろう》…!
なつかしい…
音楽《おんがく》?
これ、どこかで見《み》たような…

(!) もっと知《し》ろう

ニホンザルは、ヒトを除《のぞ》く全霊長類《ぜんれいちょうるい》で最《もっと》も北《きた》（青森県下北半島《あおもりけんしもきたはんとう》）に生息《せいそく》するサルで、日本《にほん》の固有種《こゆうしゅ》。豪雪《ごうせつ》地帯《ちたい》に生息《せいそく》するサルは世界的《せかいてき》にも珍《めずら》しい。サル回《まわ》しなど伝統芸能《でんとうげいのう》にも使《つか》われてきた歴史《れきし》がある。

採用《さいよう》

仕事内容《しごとないよう》 カメラなどの撮影《さつえい》機材《きざい》を使《つか》って、写真《しゃしん》や映像《えいぞう》を撮《と》る仕《し》事《ごと》。人物《じんぶつ》や風景《ふうけい》、動物《どうぶつ》など、撮影対象《さつえいたいしょう》の専門分野《せんもんぶんや》を持《も》つカメラマンも。撮影《さつえい》技術《ぎじゅつ》はもちろん感性《かんせい》も求《もと》められる。●収入《しゅうにゅう》★★ ●競争倍率《きょうそうばいりつ》★★

カメラマン

世界中《せかいじゅう》の対象物《たいしょうぶつ》を カメラを通《とお》して 1枚《まい》の写真《しゃしん》に切《き》り取《と》る

水中《すいちゅう》カメラマン

デメニギス

こんな動物《どうぶつ》たちも活躍中《かつやくちゅう》!
シャコ／フクロウ／ハヤブサなど

1 お仕事《しごと》チェック!

芸術表現《げいじゅつひょうげん》から報道《ほうどう》まで多様《たよう》なジャンルで活躍《かつやく》

写真《しゃしん》や映像《えいぞう》を、芸術表現《げいじゅつひょうげん》からマスメディアの報道《ほうどう》・記録《きろく》などまで幅広《はばひろ》い目的《もくてき》で撮影《さつえい》する仕事《しごと》。

私《わたくし》どもデメニギスは、水《すい》中《ちゅう》での唯一無二《ゆいいつむに》の撮影技術《さつえいぎじゅつ》を誇《ほこ》ります。筒状《つつじょう》の長《なが》い望遠《ぼうえん》レンズのような眼球《がんきゅう》をたくみに動《うご》かし、透明《とうめい》のおでこでレンズを保護《ほご》しています。レンズなど撮影機材《さつえいきざい》の扱《あつか》いに詳《くわ》しい経験者《けいけんしゃ》を募集《ぼしゅう》します。ヤル気《き》がある方《かた》には一《いち》から写真《しゃしん》の技《ぎ》術《じゅつ》を教《おし》えます!

住所《じゅうしょ》 岩手県《いわてけん》の深海《しんかい》
理念《りねん》 まだ誰《だれ》も見《み》たことの無《な》い写真《しゃしん》を撮《と》る

もしもニシキヘビが就活《しゅうかつ》したら……!?

2 履歴書《りれきしょ》

ニシキヘビ

私《わたし》の目《め》からは逃《に》げられません

経歴《けいれき》

インド出身《しゅっしん》

前職《ぜんしょく》 整体師《せいたいし》

長所《ちょうしょ》 からだを自在《じざい》に伸《の》び縮《ちぢ》みさせながら撮影《さつえい》できる

短所《たんしょ》 食《た》べるときにかまずに、丸《まる》のみしてしまう

志望動機《しぼうどうき》

私《わたし》は目《め》が悪《わる》いのですが、ピット器官《きかん》という特殊《とくしゅ》な器《き》官《かん》を持《も》ち、温度《おんど》でものを見《み》ることができます。暗闇《くらやみ》の中《なか》の獲物《えもの》や隠《かく》れた獲物《えもの》も発見《はっけん》できるので、通常《つうじょう》では撮影《さつえい》できないような対象《たいしょう》を撮影《さつえい》することが可能《かのう》です。

3 採用《さいよう》テスト

採用者《さいようしゃ》メッセージ

あなたのカメラの可能性《かのうせい》に期待《きたい》しています

私《わたくし》どもに負《ま》けないくらい、特殊《とくしゅ》な撮影《さつえい》やレンズに詳《くわ》しい方《かた》とお見受《みう》けしました。特《とく》に物陰《ものかげ》に隠《かく》れた対象《たいしょう》も撮影《さつえい》できる技術《ぎじゅつ》には驚愕《きょうがく》しました。即戦力《そくせんりょく》として期待《きたい》しております。

特殊《とくしゅ》カメラで激写《げきしゃ》

私《わたし》は特殊技術《とくしゅぎじゅつ》で暗闇《くらやみ》でも撮影《さつえい》できるのだ
プウ〜
んもう、誰《だれ》？オナラしたの
黙《だま》っててもバレバレだぞ
カア〜

(!) もっと知《し》ろう

デメニギスは、漢字《かんじ》は「出目似義《でめにぎ》須《す》」で、ニギス目《もく》デメニギス科《か》の深《しん》海魚《かいぎょ》で太平洋北部《たいへいようほくぶ》に生息《せいそく》。双眼鏡《そうがんきょう》のような目《め》（管状眼《かんじょうがん》）は回転《かいてん》させて真上《まうえ》を見《み》ることもできる。そのため頭《あたま》が透明《とうめい》になっている。

採《さい》用《よ》

仕事内容《しごとないよう》 本《ほん》や広告《こうこく》など、様々《さまざま》な媒体《ばいたい》に絵《え》を描《か》く仕事《しごと》。最近《さいきん》はパソコンで描《か》く人《ひと》が多《おお》い。絵《え》のタッチなどで個性《こせい》を演出《えんしゅつ》でき、商業的《しょうぎょうてき》なものから芸術的《げいじゅつてき》なものまで幅広《はばひろ》い分野《ぶんや》がある。●収入《しゅうにゅう》★ ●競争倍率《きょうそうばいりつ》★

イラストレーター

1 お仕事《しごと》チェック!

イラストレーター
アマミホシゾラフグ

こんな動物《どうぶつ》たちも活躍中《かつやくちゅう》!
イソタマシギゴカイ/トウホクノウサギなど

自分《じぶん》だけの線《せん》やタッチで絵《え》を描《えが》き楽《たの》しさを演出《えんしゅつ》する

白《しろ》い砂《すな》をキャンバスに美《うつく》しい模様《もよう》を描《えが》く

小説《しょうせつ》や解説文《かいせつぶん》などの文字情報《もじじょうほう》を視覚化《しかくか》したり、図解化《ずかいか》したりすることで、内容《ないよう》を絵《え》でわかりやすく演出《えんしゅつ》するアーティストです。

私《わたし》どもアマミホシゾラフグは、美《うつく》しい海底《かいてい》の白《しろ》い砂《すな》をキャンバスにみたてて、ヒレを筆《ふで》のように使《つか》い、誰《だれ》にもマネできない複雑《ふくざつ》で美《うつく》しい模様《もよう》を描《えが》き上《あ》げることで世界的《せかいてき》に有名《ゆうめい》になりました。大海原《おおうなばら》を美《うつく》しい模様《もよう》で埋《う》め尽《つ》くすことに賛同《さんどう》するアーティストを募集《ぼしゅう》します。

住所《じゅうしょ》 奄美大島《あまみおおしま》（鹿児島県《かごしまけん》）
理念《りねん》 新進気鋭《しんしんきえい》のクール・ジャパン

もしもスターゲイザーが就活《しゅうかつ》したら……!?

2 履歴書《りれきしょ》

スターゲイザー

名前《なまえ》の意味《いみ》は星《ほし》を見《み》つめる者《もの》

経歴《けいれき》
アメリカ合衆国《がっしゅうこく》の東海岸《ひがしかいがん》の深海出身《しんかいしゅっしん》

前職《ぜんしょく》 大学非常勤講師《だいがくひじょうきんこうし》（天文学《てんもんがく》）

長所《ちょうしょ》 忍耐強《にんたいづよ》い

短所《たんしょ》 ブサイクと呼《よ》ばれると落《お》ち込《こ》むこと

志望動機《しぼうどうき》
アマミホシゾラフグさんの作品《さくひん》に憧《あこが》れて夢《ゆめ》を捨《す》てきれず、海底《かいてい》にもぐって顔《かお》を使《つか》ってアートしています。海《うみ》を愛《あい》するオコゼの誇《ほこ》りを仕事《しごと》に活《い》かしたいと思《おも》います。

3 採用《さいよう》テスト

世紀《せいき》の大発見《だいはっけん》？

深海《しんかい》に謎《なぞ》の絵《え》を発見《はっけん》!!
古代《こだい》の遺跡《いせき》か？
それにしてもユニークなアートだ
ブサイクすぎない？
ブサイク言《い》うな!!
ガバアア
わーーっ

採用者《さいようしゃ》メッセージ

イラストではなく ただの顔《かお》では？

貴殿《きでん》の熱意《ねつい》は伝《つた》わりましたが、残念《ざんねん》ながら作品《さくひん》はイラストとは認《みと》められず、今回《こんかい》は不採用《ふさいよう》とさせて頂《いただ》きました。→スターゲイザーさんにおすすめの仕事《しごと》は「地質調査員《ちしつちょうさいん》」(P140)

不採用《ふさいよう》

! もっと知《し》ろう

アマミホシゾラフグは、2012年《ねん》に日本《にほん》の奄美大島沖《あまみおおしまおき》で発見《はっけん》された新種《しんしゅ》のフグ。海底《かいてい》に巨大《きょだい》なミステリーサークルを描《えが》くので、世界中《せかいじゅう》の研究者《けんきゅうしゃ》が注目《ちゅうもく》した。これはオスがメスを招《まね》くために描《えが》く円形《えんけい》の巣《す》。

陶《とう》芸《げい》家《か》

仕事内容《しごとないよう》 粘土《ねんど》で形《かたち》をつくり、それを窯《かま》で焼《や》いて器《うつわ》をつくる。美術《びじゅつ》学校《がっこう》で学《まな》んだり、陶芸家《とうげいか》に弟子《でし》入《い》りしたりして、技術《ぎじゅつ》を磨《みが》く人《ひと》が多《おお》い。くらしに役立《やくだ》つものをつくれるのがやりがい。●収入《しゅうにゅう》★ ●競争倍率《きょうそうばいりつ》★

陶芸家《とうげいか》

トックリバチ

こんな動物《どうぶつ》たちも活躍中《かつやくちゅう》！
カバ／シロサイ／イノシシ
など

粘土《ねんど》と日々《ひび》向《む》き合《あ》い 暮《く》らしに役立《やくだ》つ 逸品《いっぴん》をつくる

1 お仕事《しごと》チェック！

日用品《にちようひん》から国宝級《こくほうきゅう》まで様々《さまざま》な焼《や》き物《もの》をつくる

粘土《ねんど》を使《つか》って皿《さら》や壺《つぼ》などの焼《や》きものをつくる陶芸家《とうげいか》。芸術性《げいじゅつせい》が高《たか》く、著名《ちょめい》になると高値《たかね》がつくだけでなく、国宝《こくほう》になるものまであります。

私《わたくし》、トックリバチは、100万種《まんしゅ》近《ちか》くいる虫《むし》の中《なか》でも、代々《だいだい》陶芸家《とうげいか》の名門《めいもん》として知《し》られております。とりわけ泥《どろ》を使《つか》った徳利《とっくり》の作品《さくひん》が有名《ゆうめい》で、その素朴《そぼく》な味《あじ》わいが高《たか》く評価《ひょうか》されております。

新《あたら》しい発想《はっそう》ができ、たくみの技術《ぎじゅつ》を引《ひ》き継《つ》いでくれる後継者《こうけいしゃ》を募集《ぼしゅう》いたします。

住所《じゅうしょ》 岐阜県《ぎふけん》（美濃《みの》）
理念《りねん》 徳利《とっくり》で酒《さけ》の味《あじ》は決《き》まる

もしもオオカワウソが就活《しゅうかつ》したら……!?

2 履歴書《りれきしょ》

オオカワウソ

経歴《けいれき》
ブラジル・アマゾン川流域出身《がわりゅういきしゅっしん》

前職《ぜんしょく》 漁師《りょうし》
長所《ちょうしょ》 家族思《かぞくおも》い
短所《たんしょ》 注意力散漫《ちゅういりょくさんまん》

志望動機《しぼうどうき》
普段《ふだん》から川辺《かわべ》で自分《じぶん》のうんちを粘土《ねんど》のようにこねて、マーキングしているうちに、陶芸《とうげい》に興味《きょうみ》を持《も》ち求人《きゅうじん》を見《み》て応募《おうぼ》しました。仕事《しごと》は丁寧《ていねい》なので、覚《おぼ》えれば、陶芸《とうげい》は自分《じぶん》に向《む》いていると思《おも》います。

3 採用《さいよう》テスト

大器晩成《たいきばんせい》

採用者《さいようしゃ》メッセージ

あなたの感性《かんせい》を高《たか》く評価《ひょうか》します

陶芸《とうげい》と呼《よ》べるかわかりませんが、私《わたし》はあなたの作品《さくひん》を高《たか》く評価《ひょうか》します。まずは、住《す》み込《こ》みで、雑用《ざつよう》から始《はじ》めましょう。技術《ぎじゅつ》を教《おし》えることはないので、私《わたし》の技《わざ》を盗《ぬす》んでください。

! もっと知《し》ろう

トックリバチは、日本《にほん》にも生息《せいそく》するスズメバチ科《か》の小型《こがた》の狩《か》りバチの仲間《なかま》。お酒《さけ》を入《い》れる徳利《とっくり》のような壺形《つぼがた》の巣《す》を、泥《どろ》を練《ね》ってつくりあげる。ガの幼虫《ようちゅう》などを狩《か》り、幼虫《ようちゅう》のエサにする。

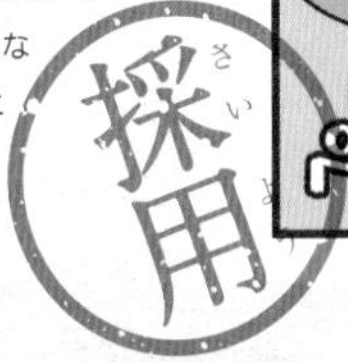

突撃《とつげき》！会社訪問《かいしゃほうもん》

PART《パート》1 総合商社《そうごうしょうしゃ》

総合商社《そうごうしょうしゃ》は、輸入《ゆにゅう》や貿易《ぼうえき》の仲介《ちゅうかい》をする「トレーディング」と、有望《ゆうぼう》なビジネスにお金《かね》を出《だ》して大《おお》きくする「事業投資《じぎょうとうし》」をビジネスの中心《ちゅうしん》とし、近年《きんねん》はコンビニやラーメンといったお店《みせ》の「事業経営《じぎょうけいえい》」まで行《おこな》う。

ハダカデバネズミは、東《ひがし》アフリカに本社《ほんしゃ》を置《お》くネズミの仲間《なかま》です。小《ちい》さい事業所《じぎょうしょ》（巣《す》）は社員《しゃいん》数《すう》10頭《とう》くらいですが、大《おお》きい事業所《じぎょうしょ》では290頭《とう》もの社員《しゃいん》が働《はたら》いています。事業所《じぎょうしょ》はすべて巨大《きょだい》な地下施設《ちかしせつ》で、長《なが》さは3000m《メートル》になることも。日中《にっちゅう》の猛暑《もうしょ》から夜《よる》の寒《さむ》さまで外気《がいき》の温度差《おんどさ》が大《おお》きくても、ハダカデバネズミの地下事業所《ちかじぎょうしょ》は温《おん》度変化《どへんか》が無《な》く快適《かいてき》でエコな構造《こうぞう》になっています。

したがって社員《しゃいん》の制服《せいふく》はなく、みな男女《だんじょ》ともスッポンポンの裸《はだか》で仕事《しごと》をしています。

どの部署《ぶしょ》の社員《しゃいん》もトンネルを掘《ほ》ることができ、皆《みな》で協力《きょうりょく》し分担《ぶんたん》して土《つち》を地上《ちじょう》に運《はこ》びます。社員《しゃいん》がみな出歯《でっぱ》なのは、掘《ほ》った土《つち》が口《くち》に入《はい》らないようにするためです。部署《ぶしょ》ごとの部屋《へや》も充実《じゅうじつ》していて、社員食堂《しゃいんしょくどう》には、いつでも人気《にんき》の新鮮《しんせん》な植物《しょくぶつ》の根《ね》

ハダカデバネズミ女王《じょおう》の経営者《けいえいしゃ》インタビュー

私《わたし》は太《ふと》って何《なに》もできないので、社員《しゃいん》を増《ふ》やすことだけをいつも考《かんが》えています。それに専念《せんねん》できるのも、有能《ゆうのう》な働《はたら》きデバネズミたちがいるおかげで、皆《みな》よく働《はたら》いてくれています。これからも満足度《まんぞくど》№.《ナンバー》1の職場環境《しょくばかんきょう》を目指《めざ》します。

が用意《ようい》されていて、24時間《じかん》セルフで食事《しょくじ》ができます。もちろんトイレや育児室《いくじしつ》も完備《かんび》。仕事《しごと》に集中《しゅうちゅう》できます。

ハダカデバネズミは、ほ乳類《にゅうるい》で唯一昆虫《ゆいいつこんちゅう》のミツバチと同《おな》じ真社会性《しんしゃかいせい》で階級《かいきゅう》があり、生《う》まれながらに個々《ここ》に仕事《しごと》が割《わ》り当《あ》てられていて分業体制《ぶんぎょうたいせい》が整《ととの》っています。

女王《じょおう》デバネズミがいわば女社長《おんなしゃちょう》で、最上位《さいじょうい》オスが副社長《ふくしゃちょう》になります。警備係《けいびがかり》や保育係《ほいくがかり》、清掃係《せいそうがかり》など様々《さまざま》なお仕事《しごと》があります。会社《かいしゃ》（巣《す》）の離職率《りしょくりつ》が低《ひく》く、皆《みな》が30年以上勤《ねんいじょうつと》め上《あ》げる優良企業《ゆうりょうきぎょう》。健康管理《けんこうかんり》にも気《き》を配《くば》り、ほ乳類《にゅうるい》で唯一《ゆいいつ》ガンになりません。

このようにハダカデバネズミの会社《かいしゃ》が長続《ながつづ》きする秘訣《ひけつ》は、親族経営《しんぞくけいえい》（ほとんどが兄弟姉妹《きょうだいしまい》・いとこ）と、カリスマ経営者《けいえいしゃ》（女王中心《じょおうちゅうしん》）という組織《そしき》体制《たいせい》にヒミツがありそうです。

会社《かいしゃ》DATA《データ》

創業《そうぎょう》 1380万年《まんねん》
社員数《しゃいんすう》 290頭《とう》
住所《じゅうしょ》 東《ひがし》アフリカ
理念《りねん》 すべては女王陛下《じょおうへいか》のために

ハダカデバネズミの組織図《そしきず》

社長《しゃちょう》（女王《じょおう》）と副社長《ふくしゃちょう》（王様《おうさま》）以外《いがい》の社員《しゃいん》（ワーカー）は生涯独身《しょうがいどくしん》で働《はたら》く。事業所内《じぎょうしょない》は土中《どちゅう》で暗《くら》いので音声《おんせい》とニオイのみでコミュニケーションをとる。女王《じょおう》が通《とお》ると全員《ぜんいん》逆《さか》さになって手《て》を上《あ》げて敬礼《けいれい》する。

総合商社《そうごうしょうしゃ》のいろいろな仕事《しごと》

調達《ちょうたつ》、生産《せいさん》、加工《かこう》、流通《りゅうつう》、販売《はんばい》まで、幅《はば》広《ひろ》い事業《じぎょう》を手掛《てが》ける総合商社《そうごうしょうしゃ》。ハダカデバネズミの総合商社《そうごうしょうしゃ》では、代表的《だいひょうてき》なもので次《つぎ》のような事業《じぎょう》を展開《てんかい》している。

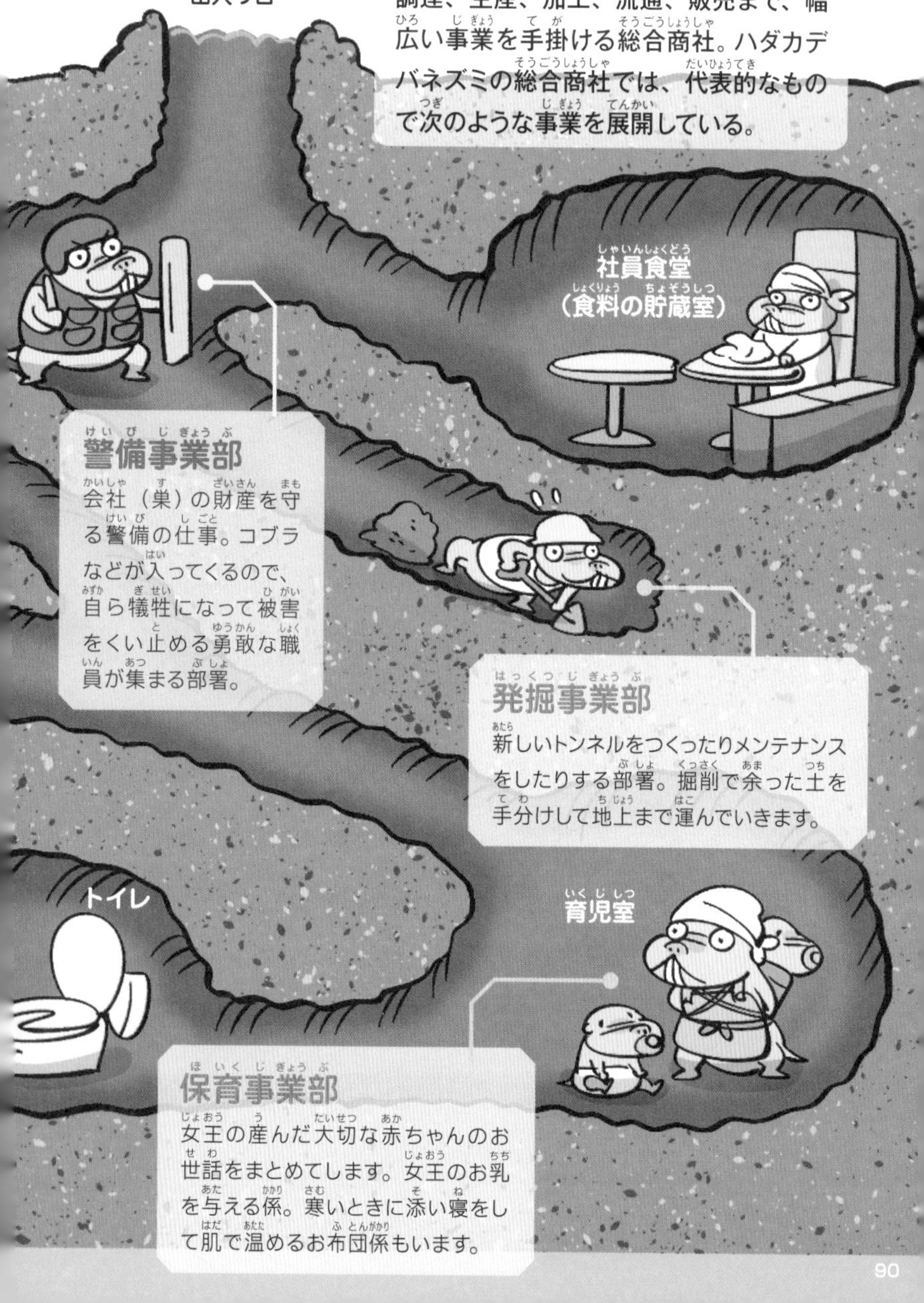
出入《でい》り口《くち》
社員食堂《しゃいんしょくどう》
（食料《しょくりょう》の貯蔵室《ちょぞうしつ》）
トイレ
育児室《いくじしつ》

警備事業部《けいびじぎょうぶ》

会社《かいしゃ》（巣《す》）の財産《ざいさん》を守《まも》る警備《けいび》の仕事《しごと》。コブラなどが入《はい》ってくるので、自《みずか》ら犠牲《ぎせい》になって被害《ひがい》をくい止《と》める勇敢《ゆうかん》な職《しょく》員《いん》が集《あつ》まる部署《ぶしょ》。

発掘事業部《はっくつじぎょうぶ》

新《あたら》しいトンネルをつくったりメンテナンスをしたりする部署《ぶしょ》。掘削《くっさく》で余《あま》った土《つち》を手分《てわ》けして地上《ちじょう》まで運《はこ》んでいきます。

保育事業部《ほいくじぎょうぶ》

女王《じょおう》の産《う》んだ大切《たいせつ》な赤《あか》ちゃんのお世話《せわ》をまとめてします。女王《じょおう》のお乳《ちち》を与《あた》える係《かかり》。寒《さむ》いときに添《そ》い寝《ね》をして肌《はだ》で温《あたた》めるお布団係《ふとんがかり》もいます。

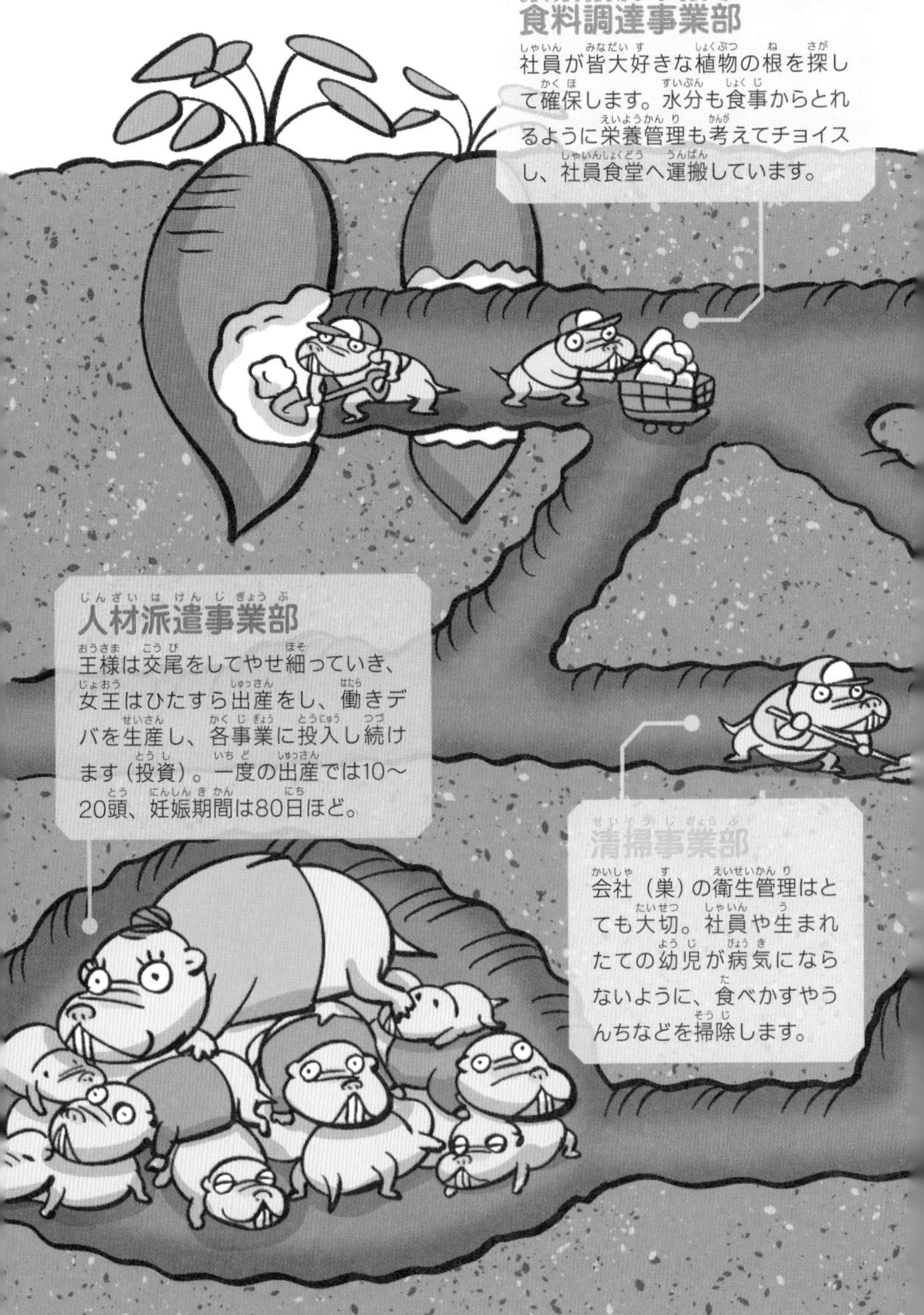

食料調達事業部《しょくりょうちょうたつじぎょうぶ》

社員《しゃいん》が皆大好《みなだいす》きな植物《しょくぶつ》の根《ね》を探《さが》して確保《かくほ》します。水分《すいぶん》も食事《しょくじ》からとれるように栄養管理《えいようかんり》も考《かんが》えてチョイスし、社員食堂《しゃいんしょくどう》へ運搬《うんぱん》しています。

人材派遣事業部《じんざいはけんじぎょうぶ》

王様《おうさま》は交尾《こうび》をしてやせ細《ほそ》っていき、女王《じょおう》はひたすら出産《しゅっさん》をし、働《はたら》きデバを生産《せいさん》し、各事業《かくじぎょう》に投入《とうにゅう》し続《つづ》けます（投資《とうし》）。一度《いちど》の出産《しゅっさん》では10～20頭《とう》、妊娠期間《にんしんきかん》は80日《にち》ほど。

清掃事業部《せいそうじぎょうぶ》

会社《かいしゃ》（巣《す》）の衛生管理《えいせいかんり》はとても大切《たいせつ》。社員《しゃいん》や生《う》まれたての幼児《ようじ》が病気《びょうき》にならないように、食《た》べかすやうんちなどを掃除《そうじ》します。

他《ほか》にも
いろいろな会社《かいしゃ》が
あるよ！
人間《にんげん》の会社《かいしゃ》は
どんなかんじ
ですかね……

PART《パート》２

食品《しょくひん》メーカー

食品《しょくひん》メーカーでは、原料《げんりょう》の調達《ちょうたつ》、食品《しょくひん》の製造《せいぞう》を行《おこな》う。その他《ほか》にも、社内《しゃない》には、会社《かいしゃ》を運営《うんえい》するための様々《さまざま》な仕事《しごと》がある。

良質《りょうしつ》なハチミツを生産《せいさん》する
スゴ腕《うで》女性《じょせい》営業《えいぎょう》集団《しゅうだん》

ミツバチが運営《うんえい》する大手《おおて》食品《しょくひん》メーカーでは、細《こま》かく仕事《しごと》を分業《ぶんぎょう》しています。

新人《しんじん》ミツバチは、会社《かいしゃ》（巣《す》）の中《なか》で、掃除《そうじ》や幼虫《ようちゅう》の育児《いくじ》など内勤《ないきん》をし、少《すこ》し経験《けいけん》を積《つ》むと蜜《みつ》ろうで巣《す》をつくる建築係《けんちくがかり》となります。さらに経験《けいけん》を積《つ》むと、天敵《てんてき》や蜜泥棒《みつどろぼう》を見張《みは》る門番係《もんばんがかり》になります。

様々《さまざま》な経験《けいけん》を経《へ》た後《あと》、最後《さいご》に総合力《そうごうりょく》が求《もと》められる花《はな》の蜜《みつ》や花粉《かふん》を採取《さいしゅ》しにいく外勤蜂《がいきんばち》に出世《しゅっせ》。巣《す》で働《はたら》く数《すう》千《せん》数万匹《すうまんびき》の社員《しゃいん》（女王蜂《じょおうばち》、働《はたら》き蜂《ばち》、幼虫《ようちゅう》）の命運《めいうん》がかかる食料《しょくりょう》の確保《かくほ》の仕事《しごと》です。

１cm《センチ》程度《ていど》の体長《たいちょう》のハチが、花《はな》を求《もと》めて５km《キロ》前後《ぜんご》は毎日《まいにち》〝営業《えいぎょう》〟に出《で》ており、人間《にんげん》の大《おお》きさに例《たと》えると１５００km《キロ》の距離《きょり》。ちなみに、この営業《えいぎょう》の働《はたら》き蜂《ばち》は、何《なん》とすべて独身《どくしん》の女子社員《じょししゃいん》（メス）です。

会社《かいしゃ》DATA《データ》

- **創業《そうぎょう》** １６０万年《まんねん》
- **社員数《しゃいんすう》** ４万匹《まんびき》
- **住所《じゅうしょ》** 中南米《ちゅうなんべい》の熱帯雨林《ねったいうりん》
- **理念《りねん》** 世界《せかい》No.《ナンバー》１のハチミツを

PART《パート》３

ゼネコン

ゼネラル・コントラクターの略《りゃく》で、総合建設業者《そうごうけんせつぎょうしゃ》のこと。様々《さまざま》な建設《けんせつ》の仕事《しごと》を請《う》け負《お》い、下請《したう》け会社《がいしゃ》に発注《はっちゅう》し、工事全体《こうじぜんたい》のとりまとめを行《おこな》う。

耐用年数《たいようねんすう》１００年《ねん》を超《こ》える
堅牢《けんろう》なマンションを建築《けんちく》

現在《げんざい》、アフリカの現場《げんば》では本社《ほんしゃ》の責任者《せきにんしゃ》シャカイハタオリが工事《こうじ》をとりまとめています。スズメの仲間《なかま》で、鳥類《ちょうるい》で最大《さいだい》の巣《す》をつくるプロです。

現在《げんざい》、１００組以上《くみいじょう》のカップルが入居《にゅうきょ》できる巨大《きょだい》なマンションを木《き》の上《うえ》に建設中《けんせつちゅう》。最大《さいだい》10m《メートル》を超《こ》える巨大《きょだい》マンションの建築資材《けんちくしざい》は枯《か》れ草《くさ》を編《あ》んだもので、巣《す》の重《おも》さは１t《トン》になることも。高度《こうど》な建築技術《けんちくぎじゅつ》で耐用年数《たいようねんすう》１００年《ねん》を超《こ》え、世代《せだい》を超《こ》えて使《つか》われる驚異《きょうい》の技術《ぎじゅつ》の結晶《けっしょう》。

スズメの仲間《なかま》は普通《ふつう》、繁殖期《はんしょくき》の巣《す》づくりを１年目《ねんめ》からはじめるのに対《たい》して、シャカイハタオリは２年目以降《ねんめいこう》にデビューと、研修《けんしゅう》も徹底《てってい》。また、若鳥《わかどり》が子《こ》ども（ヒナ）の面倒《めんどう》を見《み》るなど、育児《いくじ》サポート制度《せいど》も充実《じゅうじつ》です。

会社《かいしゃ》DATA《データ》

- **創業《そうぎょう》** ４７００万年《まんねん》
- **社員数《しゃいんすう》** ４００羽《わ》
- **住所《じゅうしょ》** ナミビア
- **理念《りねん》** タワマンでワンランク上《うえ》の暮《く》らし

第《だい》5章《しょう》
テレビ・ラジオ・映《えい》画《が》にまつわる仕《し》事《ごと》

ANIMAL
Profession
CATALOG

テレビ局《きょく》

仕事内容《しごとないよう》 テレビ局《きょく》では、映像制作《えいぞうせいさく》の他《ほか》、スポンサーを探《さが》す営業《えいぎょう》など、多《おお》くの人《ひと》が役割分担《やくわりぶんたん》しながら働《はたら》く。近年《きんねん》は、インターネットテレビも注目《ちゅうもく》されている。●収入《しゅうにゅう》★★★ ●競争倍率《きょうそうばいりつ》★

アグレッシブなパワーと奇抜《きばつ》な発想力《はっそうりょく》で面白《おもしろ》い番組《ばんぐみ》をつくる

プロデューサー

ワカケホンセイインコ

こんな動物《どうぶつ》たちも活躍中《かつやくちゅう》！
アカシカ／マメコガネ／アメリカザリガニなど

1 お仕事《しごと》チェック!

陽気《ようき》な仲間《なかま》たちと一緒《いっしょ》に国際的《こくさいてき》で都会的《とかいてき》な番組《ばんぐみ》を制作《せいさく》

ニュース報道《ほうどう》、ドラマ、バラエティ、スポーツ中継《ちゅうけい》、音楽《おんがく》、教養《きょうよう》など、人々《ひとびと》の暮《く》らしが豊《ゆた》かになるような情報提供《じょうほうていきょう》をする業種《ぎょうしゅ》です。

我々《われわれ》ワカケホンセイインコは、多言語《たげんご》のおしゃべり好《ず》きがこうじて、インド本社《ほんしゃ》をはじめ、日本《にほん》、ヨーロッパ、アフリカなど各国《かっこく》にテレビ局《きょく》の支局《しきょく》を展開《てんかい》。陽気《ようき》で明《あか》るい性《せい》格《かく》と好奇心旺盛《こうきしんおうせい》な野次馬根性《やじうまこんじょう》で都会《とかい》の情報《じょうほう》をお届《とど》けします。海外支局《かいがいしきょく》の特派員《とくはいん》を募集《ぼしゅう》いたします。

住所《じゅうしょ》 インド本社《ほんしゃ》・世界《せかい》の支局《しきょく》
理念《りねん》 踊《おど》るテレビ

もしもカブトムシが就活《しゅうかつ》したら……!?

2 履歴書《りれきしょ》

カブトムシ

海外《かいがい》では外来種《がいらいしゅ》と呼《よ》ばれます

経歴《けいれき》
栃木県出身《とちぎけんしゅっしん》

前職《ぜんしょく》 有機農業《ゆうきのうぎょう》
長所《ちょうしょ》 辛《つら》いことがあっても泣《な》かない
短所《たんしょ》 頑固《がんこ》でちょっぴり短気《たんき》

志望動機《しぼうどうき》
マスメディアに就職希《しゅうしょくき》望《ぼう》で、就職活動《しゅうしょくかつどう》しています。御《おん》社《しゃ》は海外支局《かいがいしきょく》の活躍《かつやく》をよく目《め》にするので、私《わたし》も台湾《たいわん》への留学経験《りゅうがくけいけん》を活《い》かして、海外《かいがい》から日本《にほん》のみなさんにホットな情《じょう》報《ほう》をお知《し》らせしたいと思《おも》います。

3 採用《さいよう》テスト

採用者《さいようしゃ》メッセージ

海外《かいがい》でも生《い》き残《のこ》る生存能力《せいぞんのうりょく》を評価《ひょうか》

海外《かいがい》でついついがんばりすぎて、現地住民《げんちじゅうみん》とトラブルになることもあるようですが、そんな負《ふ》の経験《けいけん》を教訓《きょうくん》にしてがんばってください。臨場感《りんじょうかん》あふれる現地《げんち》の情報《じょうほう》を楽《たの》しみにしています。

海外《かいがい》ロケ

みなさん こんにちは
今回《こんかい》は タイに来《き》て おります
なんと この森《もり》には、幻《まぼろし》のトラが生息《せいそく》していると言《い》われています！
果《は》たして幻《まぼろし》の トラの正体《しょうたい》とは!? 新種《しんしゅ》の動物《どうぶつ》か？
外来種《がいらいしゅ》の可能性《かのうせい》も… タイの森《もり》の生態系《せいたいけい》は はたして、大丈夫《だいじょうぶ》か？
あいつ誰《だれ》？ 見《み》ない顔《かお》だね
なんか日本《にほん》から 来《き》たみたいよ

! もっと知《し》ろう

ワカケホンセイインコは、インド周《しゅう》辺《へん》が原産《げんさん》のインコ。美《うつく》しい容姿《ようし》から世界中《せかいじゅう》でペットとして飼《か》われているが、逃《に》げ出《だ》して各地《かくち》で野生《やせい》化《か》している。市街地《しがいち》にも群《む》れでいつき、騒《そう》音《おん》や糞《ふん》など迷惑行為《めいわくこうい》が問題《もんだい》に。

採用

ラジオ局《きょく》

仕事内容《しごとないよう》 全国《ぜんこく》に番組《ばんぐみ》を配信《はいしん》するキー局《きょく》の他《ほか》、町《まち》の小《ちい》さなラジオ局《きょく》もある。最近《さいきん》はインターネットやスマホでも気軽《きがる》に聞《き》ける。番組《ばんぐみ》のパーソナリティーはフリーランスも多《おお》い。●収入《しゅうにゅう》★★ ●競争倍率《きょうそうばいりつ》★

軽《かろ》やかなトークとおすすめの音楽《おんがく》をリスナーに届《とど》ける

パーソナリティー
ヒバリ

こんな動物《どうぶつ》たちも活躍中《かつやくちゅう》！
オウム／インコなど

1 お仕事《しごと》チェック！

再評価《さいひょうか》されている音《おと》による表現《ひょうげん》メディア

音声《おんせい》のみで、情報番組《じょうほうばんぐみ》から娯楽番組《ごらくばんぐみ》まで制作《せいさく》するお仕事《しごと》。歴史《れきし》も古《ふる》く、スマホ時代《じだい》に再評価《さいひょうか》され、災害時《さいがいじ》にも活躍《かつやく》するメディアです。

私《わたくし》どもヒバリのラジオ局《きょく》は、地域密着型《ちいきみっちゃくがた》で多《おお》くの方《かた》に親《した》しまれています。おしゃべりが大好《だいす》きで、美《うつく》しい声《こえ》でピーチクパーチクしゃべり続《つづ》けるので、世界中《せかいじゅう》にファンも多《おお》くいます。新番組《しんばんぐみ》の立《た》ち上《あ》げに伴《ともな》い、個性《こせい》あふれるトークができるパーソナリティーを募集中《ぼしゅうちゅう》です。

住所《じゅうしょ》 東京都千代田区有楽町《とうきょうとちよだくゆうらくちょう》
理念《りねん》 あなたのハートにチェケラッチョ

もしもスローロリスが就活《しゅうかつ》したら……!?

2 履歴書《りれきしょ》

スローロリス

経歴《けいれき》
タイ出身《しゅっしん》

前職《ぜんしょく》 工場夜勤《こうじょうやきん》
長所《ちょうしょ》 気長《きなが》
短所《たんしょ》 仕事《しごと》がおそい

志望動機《しぼうどうき》
学生時代《がくせいじだい》、御社《おんしゃ》の深《しん》夜番組《やばんぐみ》『集《あつ》まれノクターナル・アニマル！』の熱烈《ねつれつ》なリスナーで、ハガキ職人《しょくにん》をしていて、投稿《とうこう》がよく採用《さいよう》になりました。ぜひ御社《おんしゃ》で働《はたら》きたいので、ヨロシクお願《ねが》いいたします。

3 採用《さいよう》テスト

サイレントナイト

採用者《さいようしゃ》メッセージ

パーソナリティーは難《むずか》しい構成作家向《こうせいさっかむ》き？

トライアルのラジオ番組《ばんぐみ》で、放送事故《ほうそうじこ》が発生《はっせい》。パーソナリティーは向《む》いていないと判断《はんだん》し、不採用《ふさいよう》とさせて頂《いただ》きました。→スローロリスさんにおすすめの仕事《しごと》は「脚本家《きゃくほんか》」（P78）

！もっと知《し》ろう

ヒバリは、アフリカ、ユーラシア大陸《たいりく》の草原《そうげん》や農耕地《のうこうち》に生息《せいそく》する小鳥《ことり》。オスは声《こえ》が美《うつく》しく長時間上空《ちょうじかんじょうくう》から鳴《な》き続《つづ》け、日本《にほん》では春《はる》を告《つ》げる鳥《とり》として親《した》しまれている。多《おお》くの人《ひと》に愛《あい》される身近《みぢか》な鳥《とり》だ。

不採用《ふさいよう》

アナウンサー

仕事内容《しごとないよう》 自分《じぶん》の声《こえ》で、多数《たすう》の人《ひと》に情報《じょうほう》を伝《つた》える仕事《しごと》。テレビ局《きょく》やラジオ局《きょく》で働《はたら》くアナウンサーもいれば、フリーランスも。話術《わじゅつ》だけでなく、体力《たいりょく》、精神力《せいしんりょく》も必要《ひつよう》。●収入《しゅうにゅう》★★★ ●競争倍率《きょうそうばいりつ》★

テレビやラジオで視聴者《しちょうしゃ》にわかりやすく情報《じょうほう》を伝《つた》える

アナウンス部《ぶ》 部長《ぶちょう》

ハシビロコウ

こんな動物《どうぶつ》たちも活躍中《かつやくちゅう》！
ツクツクボウシ／
ヒョウモントカゲモドキ／
ホトトギスなど

1 お仕事《しごと》チェック！

原稿《げんこう》がしっかり読《よ》める正統派《せいとうは》アナウンサーを募集《ぼしゅう》

ラジオやテレビなどのマスメディアで、ニュースをはじめとする様々《さまざま》な情報《じょうほう》の原稿《げんこう》を音読《おんどく》して視聴者《しちょうしゃ》に伝《つた》える仕事《しごと》。最近《さいきん》は、バラエティ番組《ばんぐみ》などでの活躍《かつやく》も増《ふ》えています。

〝隣《となり》の客《きゃく》はよく柿《かき》食《く》う客《きゃく》だ〟こんばんはハシビロコウです。テレビ・ラジオのアナウンサーとして30年《ねん》の実績《じっせき》を誇《ほこ》り、微動《びどう》だにせず余計《よけい》な感情《かんじょう》を入《い》れず、原稿《げんこう》の読《よ》み間違《まちが》いもなく、正確《せいかく》に伝《つた》えることを心《こころ》がけております。〝生麦生米生卵《なまむぎなまごめなまたまご》〟が好《す》きな新人《しんじん》アナウンサーを募集中《ぼしゅうちゅう》です。

住所《じゅうしょ》 東京支店《とうきょうしてん》（港区赤坂《みなとくあかさか》）
理念《りねん》 日本語《にほんご》の美《うつく》しさを伝《つた》える

もしもワライカワセミが就活したら……!?

履歴書

ワライカワセミ

経歴 (けいれき)
オーストラリア
出身 (しゅっしん)

前職 (ぜんしょく) 害虫駆除業者 (がいちゅうくじょぎょうしゃ)

長所 (ちょうしょ) 人 (ひと) なつっこい

短所 (たんしょ) 食欲旺盛 (しょくよくおうせい)

滑舌 (かつぜつ) はかなり良 (よ) い方 (ほう) です

志望動機 (しぼうどうき)

しゃべるのが好きなのと、人 (ひと) に見 (み) られるのも好きなので、アナウンサーを志望 (しぼう) しました。バラエティ好きですが、報道 (ほうどう) などマジメな番組 (ばんぐみ) のアナウンサーを目指 (めざ) しています。

採用者メッセージ (さいようしゃメッセージ)

真面目 (まじめ) なニュースで突然 (とつぜん)、大声 (おおごえ) で笑 (わら) うのは……

声 (こえ) が通 (とお) り滑舌 (かつぜつ) もいいのですが、トライアル番組中 (ばんぐみちゅう) に突然大声 (とつぜんおおごえ) で笑 (わら) い出 (だ) すなど、不安 (ふあん) な点 (てん) があり、今回 (こんかい) は不採用 (ふさいよう) とさせて頂 (いただ) きました。→ワライカワセミさんにおすすめの仕事 (しごと) は「お笑 (わら) い芸人 (げいにん)」(P100)

(!) もっと知 (し) ろう

ハシビロコウは、アフリカの湿地 (しっち) に生息 (せいそく) する大型 (おおがた) の鳥 (とり)。クチバシをよく鳴 (な) らす。集中力 (しゅうちゅうりょく) と忍耐力 (にんたいりょく) があり、魚 (うお) を油断 (ゆだん) させるため同 (おな) じ姿勢 (しせい) で長時間静止 (ちょうじかんせいし) できる。夜行性 (やこうせい) なので夜 (よる) に活発 (かっぱつ) に動 (うご) き回 (まわ) る。

不敵 (ふてき) なワライ

ニュースです 昨夜未明 (さくやみめい)、アマゾン川流域 (かわりゅういき) でオオアナコンダにカピバラの親子 (おやこ) が飲 (の) み込 (こ) まれる事件 (じけん) が発生 (はっせい) しました。

いたましい事件 (じけん) ですね…

えっ ワハハハ ウハハハ

しばらくそのままでお待 (ま) ち下 (くだ) さい

不採用 (ふさいよう)

お笑《わら》い芸人《げいにん》

仕事内容《しごとないよう》 お笑《わら》いの養成所《ようせいじょ》に入《はい》って、漫才師《まんざいし》や芸人《げいにん》としてデビューするのが王道《おうどう》。売《う》れるかどうかは、実力《じつりょく》だけで決《き》まるわけではなく、運《うん》も大《おお》きな要素《ようそ》になる。●収入《しゅうにゅう》★ ●競争倍率《きょうそうばいりつ》★★★

長《なが》い下積《したづ》みを経《へ》てコンテストで優勝《ゆうしょう》
一躍《いちやく》、お茶《ちゃ》の間《ま》の人気者《にんきもの》に

漫才師《まんざいし》

ブチハイエナ

こんな動物《どうぶつ》たちも活躍中《かつやくちゅう》！
柴犬《しばいぬ》／ミユビナマケモノ／シロフクロウなど

1 お仕事《しごと》チェック！

時代《じだい》に合致《がっち》したお笑《わら》いをつくる 目指《めざ》すは流行語大賞《りゅうこうごたいしょう》

テレビ番組《ばんぐみ》、ライブハウス、劇場《げきじょう》などで漫才《まんざい》、コメディー、コント、ものまねなどを演《えん》じるエンターテイナー。

私《わたし》たちブチハイエナは、お笑《わら》いコンテストでの優勝後《ゆうしょうご》、強面《こわもて》ヤクザ・コントで大《だい》ブームをおこしました。特《とく》に誘《さそ》い笑《わら》いの「ヒッ、ヒッ、ヒッ」という顔芸《かおげい》は、流行語大賞《りゅうこうごたいしょう》にも選《えら》ばれました。このたび独《どく》立《りつ》し、お笑《わら》い専門《せんもん》のプロダクションを立《た》ち上《あ》げました。新《しん》人《じん》を発掘《はっくつ》するべくオーディションを開催《かいさい》します。

住所《じゅうしょ》 大阪市中央区難波《おおさかしちゅうおうくなんば》
理念《りねん》 笑《わら》いの王国《おうこく》

もしもワライカワセミが就活《しゅうかつ》したら……!?

2 履歴書《りれきしょ》

ワライカワセミ

笑《わら》い芸《げい》には定評《ていひょう》あります

経歴《けいれき》
オーストラリア出身《しゅっしん》

前職《ぜんしょく》 アナウンサー
長所《ちょうしょ》 社交的《しゃこうてき》
短所《たんしょ》 笑《わら》い上戸《じょうご》

志望動機《しぼうどうき》
人前《ひとまえ》でしゃべることが好《す》きで、アナウンサーを務《つと》めておりましたが、まじめなニュース原稿《げんこう》でツボに入《はい》り、なぜか笑《わら》いが止《と》まらなくなりました。アナウンサーは向《む》いていない、お笑《わら》いこそが私《わたし》の道《みち》、と転職《てんしょく》を決意《けつい》しました。

3 採用《さいよう》テスト

自虐《じぎゃく》ネタ

アニマルお笑いショー
どーもー
パチパチパチ
ウチはもともとアナウンサーやってましてね～
はあ～～…
それがある日《ひ》ね～悲《かな》しいニュース読《よ》んで笑《わら》ってもうて…クビになったんですよ…
まったく、わしゃワライカワセミか!
……
…って、ワライカワセミだったわ～
ウヒャホ
あはははははっ

採用者《さいようしゃ》メッセージ

あんたの芸《げい》で多《おお》くの人《ひと》に笑《わら》いを!

前職《ぜんしょく》の特異性《とくいせい》を活《い》かして、オンリーワンな芸人《げいにん》を目指《めざ》してください。私《わたし》たちは特《とく》に、あなたの笑《わら》い声《ごえ》に、今《いま》のお笑《わら》い界《かい》に切《き》り込《こ》んでいけるパワーを感《かん》じています。

! もっと知《し》ろう

ブチハイエナは、アフリカ～西《にし》アジアに生息《せいそく》。群《む》れはメスがリーダーで、死肉《しにく》を食《た》べるだけでなく狩《か》りもする。コミュニケーションとしての鳴《な》き声《ごえ》が「ヒッ、ヒッ、ヒッ」と笑《わら》い声《ごえ》のように聞《き》こえる。

採《さい》用

仕事内容《しごとないよう》 歌《うた》を通《とお》して、様々《さまざま》な想《おも》いを表現《ひょうげん》するのが仕事《しごと》。作詞作《さくしさっ》曲《きょく》するシンガーソングライターも多《おお》い。スターダムにのし上《あ》がると、ファッションや発言《はつげん》なども注目《ちゅうもく》される。●収入《しゅうにゅう》★ ●競争倍率《きょうそうばいりつ》★★★

歌《か》手《しゅ》・ミュージシャン

ミュージシャン

ザトウクジラ

歌《うた》のうまさだけなく　カリスマ性《せい》も大事《だいじ》

こんな動物《どうぶつ》たちも活躍中《かつやくちゅう》！
カナリア／ウマ／チャイロコツグミなど

1 お仕事《しごと》チェック！

動物界最強《どうぶつかいさいきょう》を目指《めざ》す　ロックバンド結成《けっせい》へ

歌《うた》を歌《うた》ったり、楽器《がっき》を奏《かな》でたりして、みている人《ひと》を楽《たの》しませる仕事《しごと》。ソロからバンドまで表現方法《ひょうげんほうほう》は様々《さまざま》。ジャンルも幅広《はばひろ》く、流行歌《りゅうこうか》のポップスから古典《こてん》クラシック、伝統《でんとう》の民族音楽《みんぞくおんがく》など、音楽《おんがく》の世界《せかい》の表現《ひょうげん》は奥《おく》が深《ふか》い。

俺《おれ》、ザトウクジラは、メジャーデビューを目指《めざ》して、バンドメンバーを募集《ぼしゅう》！　俺《おれ》が作詞作曲《さくしさっきょく》した1曲《きょく》30分《ぷん》を超《こ》えるラブソングを演奏《えんそう》してくれる仲間《なかま》は至急《しきゅう》メールください。まってるぜ！

住所《じゅうしょ》 都内《となない》（小笠原諸島《おがさわらしょとう》）のライブハウス
理念《りねん》 バンド名《めい》は「フジツボ」

もしもアイアイが就活《しゅうかつ》したら……!?

2 履歴書《りれきしょ》

アイアイ

地元《じもと》では“悪魔《あくま》の化身《けしん》”とされてるぜ

経歴《けいれき》

アフリカ・マダガスカル出身《しゅっしん》

前職《ぜんしょく》 ロック系《けい》ギタリスト

長所《ちょうしょ》 速弾《はやび》き、タッピングが得意《とくい》

短所《たんしょ》 コーラスが苦手《にがて》

志望動機《しぼうどうき》

伝説《でんせつ》のギタリスト、ジミー・ヘンドリックスに憧《あこが》れてギターを始《はじ》めて、彼《かれ》の奏法《そうほう》をすべてマスターしました。指《ゆび》が特殊《とくしゅ》なので速《はや》弾《び》きが得意《とくい》だし、歯《は》でもギターを演奏《えんそう》できます。

3 採用《さいよう》テスト

悪魔《あくま》のギタリスト

採用者《さいようしゃ》メッセージ

最高《さいこう》の仲間《なかま》と目指《めざ》すのは天下統一《てんかとういつ》

あんたのギターテクには、シビれたぜ。ベースも、ドラムも、最高《さいこう》の奴《やつ》らさ。ぜひ一緒《いっしょ》に、メジャーデビューしてワールドツアーに行《い》こうぜ!

! もっと知《し》ろう

ザトウクジラは、世界中《せかいじゅう》の海《うみ》に生息《せいそく》する体長《たいちょう》12m《メートル》、体重《たいじゅう》30t《トン》ほどの中《ちゅう》型《がた》のクジラ。求愛《きゅうあい》の際《さい》に歌《うた》を歌《うた》うことが知《し》られていて、1曲《きょく》30分《ぶん》ほどで、そのフレーズをくり返《かえ》す。地域《ちいき》によって流行歌《りゅうこうか》がある。

仕事内容《しごとないよう》 俳優《はいゆう》や歌手《かしゅ》、タレントといった芸能人《げいのうじん》の活動《かつどう》を支《ささ》える仕《し》事《ごと》。スケジュール管理《かんり》はもちろん、出演交渉《しゅつえんこうしょう》や、担当《たんとう》する芸能人《げいのうじん》をプロデュースする役目《やくめ》も担《にな》う。●収入《しゅうにゅう》★★ ●競争倍率《きょうそうばいりつ》★

芸能《げいのう》マネジャー

芸能人《げいのうじん》を陰《かげ》から支《ささ》え 世《よ》の中《なか》に売《う》り出《だ》す

芸能《げいのう》プロダクション社長《しゃちょう》

マイコドリ

こんな動物《どうぶつ》たちも活躍中《かつやくちゅう》！
チスイコウモリ／リカオン／マントヒヒなど

1 お仕事《しごと》チェック！

個性《こせい》を引《ひ》き出《だ》しながらプロデュースをする

芸能人《げいのうじん》の売《う》り込《こ》みからスケジュール管理《かんり》などのマネジメント業務《ぎょうむ》の他《ほか》、身《み》の回《まわ》りのサポートも行《おこな》う仕事《しごと》。華《はな》やかな世界《せかい》を支《ささ》える重要《じゅうよう》な裏方業務《うらかたぎょうむ》。

芸能《げいのう》プロダクションの経営《けいえい》をする、私《わたし》、マイコドリは、今《いま》でこそ有名《ゆうめい》なタレントを輩《はい》出《しゅつ》していますが、若《わか》い頃《ころ》の付《つ》き人《びと》・下積《したづ》み時代《じだい》が長《なが》く、今《いま》に至《いた》るまでには大変苦労《たいへんくろう》しました。そういう業界《ぎょうかい》の厳《きび》しさを理解《りかい》し、タレントの魅力《みりょく》を100%《パーセント》引《ひ》き出《だ》せる業務《ぎょうむ》をして頂《いただ》けるマネジャーを募集《ぼしゅう》します。

住所《じゅうしょ》 東京都目黒区《とうきょうとめぐろく》
理念《りねん》 芸《げい》は、あいさつから

もしもマイコドリ（新人《しんじん》）が就活《しゅうかつ》したら……!?

2 履歴書《りれきしょ》

マイコドリ（新人《しんじん》）

経歴《けいれき》
南米出身《なんべいしゅっしん》

前職《ぜんしょく》 新卒《しんそつ》（四大卒《よんだいそつ》）

長所《ちょうしょ》 芸《げい》ごとを基礎《きそ》から学《まな》んでいる

短所《たんしょ》 大器晩成型《たいきばんせいがた》

志望動機《しぼうどうき》

アイドルのマイコドリ先輩《せんぱい》の踊《おど》りが大好《だいす》きで、完《かん》コピできるくらい、ダンスを練習《れんしゅう》しました。そんな先輩《せんぱい》が所属《しょぞく》する芸能《げいのう》プロダクションの裏方《うらかた》として、サポートする仕事《しごと》に就《つ》きたいと考《かんが》え、今回応募《こんかいおうぼ》いたしました。業界《ぎょうかい》の厳《きび》しさは覚悟《かくご》の上《うえ》で、がんばりたいと思《おも》います。

3 採用《さいよう》テスト

アイドルグループ？

採用者《さいようしゃ》メッセージ

いっそのこと新《しん》ユニット組《く》んでみる?

マネジャーが目立《めだ》ちすぎるのはどうかと思《おも》いましたが、これも時代《じだい》の波《なみ》。タレントとセットで売《う》り出《だ》すことに。とにかく、あいさつには、しっかり明《あか》るく元気《げんき》よくやってくださいね。

! もっと知《し》ろう

マイコドリは、中南米《ちゅうなんべい》の林《はやし》に生息《せいそく》。メスへのプロポーズのためにオスは師弟関係《していかんけい》をくみ、師匠《ししょう》の踊《おど》りを弟子《でし》がサポート。弟子《でし》はデビューできるまで修業《しゅぎょう》し続《つづ》けなければならない。

採用

俳優《はいゆう》

仕事内容《しごとないよう》 演技《えんぎ》を通《つう》じて、お客《きゃく》さんや視聴者《しちょうしゃ》を楽《たの》しませるのが仕事《しごと》。オーディションを受《う》け、演技力《えんぎりょく》や個性《こせい》を発揮《はっき》しながら仕事《しごと》を獲得《かくとく》していく。女性《じょせい》の俳優《はいゆう》は女優《じょゆう》とも呼《よ》ばれる。●収入《しゅうにゅう》★ ●競争倍率《きょうそうばいりつ》★★★

俳優《はいゆう》

タテガミオオカミ

こんな動物《どうぶつ》たちも活躍中《かつやくちゅう》！

チワワ（子役《こやく》）／
コビトカバ（子役《こやく》）など

見《み》る者《もの》を虜《とりこ》にする 超《ちょう》イケメン 実力派《じつりょくは》人気《にんき》俳優《はいゆう》

1 お仕事《しごと》チェック！

誰《だれ》かの真似《まね》ではない 唯一無二《ゆいいつむに》の存在《そんざい》になる

ドラマ、映画《えいが》、演劇《えんげき》などで、役柄《やくがら》の人物《じんぶつ》に扮《ふん》して台本《だいほん》の台詞《せりふ》を覚《おぼ》え、表情《ひょうじょう》や身振《みぶ》りで演《えん》じる職業《しょくぎょう》です。

事務所《じむしょ》の看板俳優《かんばんはいゆう》である僕《ぼく》、タテガミオオカミは、子役《こやく》のころから注目《ちゅうもく》を集《あつ》め、トレンディドラマ最多主演《さいたしゅえん》の記録《きろく》を持《も》ちます。ハリウッドに進出《しんしゅつ》するのを機《き》に、事務所《じむしょ》では新人女優《しんじんじょゆう》を募集《ぼしゅう》します。コンセプトは「国民的従姉妹《こくみんてきいとこ》」。書類選考《しょるいせんこう》の後《あと》に、僕《ぼく》も審査員《しんさいん》として参加し、オーディションを行《おこな》いますのでふるってご応募《おうぼ》ください。

住所《じゅうしょ》 東京都港区六本木《とうきょうとみなとくろっぽんぎ》
理念《りねん》 ライバルは自分《じぶん》

もしもアネハヅルが就活《しゅうかつ》したら……!?

2 履歴書《りれきしょ》

アネハヅル

経歴《けいれき》
チベット出身《しゅっしん》

前職《ぜんしょく》 モデル
長所《ちょうしょ》 チャームポイントは髪型《かみがた》
短所《たんしょ》 お肌《はだ》が荒《あ》れやすい

志望動機《しぼうどうき》
ツルの中《なか》では一番小《いちばんちい》さいので、モデルの仕事《しごと》がなかなか回《まわ》ってこず、女優《じょゆう》に転身《てんしん》してみようと思《おも》い応募《おうぼ》しました。ファッションセンスも自信《じしん》あり。タテガミオオカミさんと共演《きょうえん》するのが夢《ゆめ》です。

3 採用《さいよう》テスト

採用者《さいようしゃ》メッセージ

ポテンシャルを活《い》かして国際的《こくさいてき》アクション女優《じょゆう》に

エベレスト上空《じょうくう》を何度《なんど》も飛翔《ひしょう》されているなど、海外《かいがい》でのアグレッシブな活躍《かつやく》が素晴《すば》らしい。国際的《こくさいてき》な女優《じょゆう》を目指《めざ》してがんばってください。アクション映《えい》画《が》もいけそうですね。

さっそうと女優《じょゆう》デビュー

もっと知《し》ろう

タテガミオオカミは、南米《なんべい》に生息《せいそく》するイヌ科《か》最大種《さいだいしゅ》。"オオカミ"と名《な》がついているが、キツネに近《ちか》い動《どう》物《ぶつ》。タテガミが美《うつく》しく、四肢《しし》が長《なが》くエレガントな動《うご》きで、肉食獣《にくしょくじゅう》ではチーターに次《つ》いで足《あし》が速《はや》い。

採用

仕事内容《しごとないよう》 音楽《おんがく》に合《あ》わせて踊《おど》るのが仕事《しごと》。自《みずか》らがパフォーマーとして活躍《かつやく》する他《ほか》、歌手《かしゅ》のバックダンサー、振付師《ふりつけし》、ダンススクールの講師《こうし》になるなどの道《みち》もある。●収入《しゅうにゅう》★ ●競争倍率《きょうそうばいりつ》★★

ダンサー

リズムに合《あ》わせて からだを動《うご》かし 歌《うた》の想《おも》いを表現《ひょうげん》する

ダンサー

エリマキシギ

こんな動物《どうぶつ》たちも活躍中《かつやくちゅう》！
スプリングボック／シオマネキなど

1 お仕事《しごと》チェック！

高度《こうど》な技術《ぎじゅつ》に裏打《うらう》ちされたダンスで魅了《みりょう》する

踊《おど》りを表現手段《ひょうげんしゅだん》として、生業《なりわい》にする職業《しょくぎょう》。ジャンルも、バレエ、社交《しゃこう》ダンスから民族《みんぞく》の伝統舞踊《でんとうぶよう》、ストリートダンスなど、様々《さまざま》な表現《ひょうげん》の場《ば》があります。

私《わたし》たちエリマキシギは、鳥類《ちょうるい》の中《なか》ではグループでダンスバトルをすることで有名《ゆうめい》で、派手《はで》な衣装《いしょう》にもこだわりがあります。世界大会《せかいたいかい》に向《む》けて、私《わたし》たちの弟分《おとうとぶん》にあたるユニットを結成予定《けっせいよてい》。そのメンバーを決定《けってい》するためのオーディションを開催《かいさい》します！

住所《じゅうしょ》 ノルウェー（開催地《かいさいち》）
理念《りねん》 はじけるダンス遺伝子《いでんし》

もしもロシアリクガメが就活《しゅうかつ》したら……!?

2 履歴書《りれきしょ》

ロシアリクガメ

経歴《けいれき》

アフガニスタン
出身《しゅっしん》

前職《ぜんしょく》 YouTuber《ユーチューバー》

長所《ちょうしょ》 まじめ

短所《たんしょ》 がんこ

志望動機《しぼうどうき》

ダンスが好《す》きで、エリマキシギさんのライブをYouTube《ユーチューブ》で見《み》て、自分《じぶん》もエリマキシギさんのようなグループで華麗《かれい》なステップを踊《おど》ってみたいと思《おも》い、今回《こんかい》のオーディションに応募《おうぼ》しました。得意《とくい》なジャンルは、ロボットダンスとブレイクダンスです。

3 採用《さいよう》テスト

ブレイクダンス

採用者《さいようしゃ》メッセージ

ロボットはダメだがブレイクはいいね！

バックスピンの速《はや》さはハンパなかったね！　ロボットダンスはいまいち。首《くび》しか動《うご》いてないじゃん。でも、ブレイクダンスは、正直《しょうじき》、ぶったまげた。とりあえず、仮採用《かりさいよう》で、様子見《ようすみ》の期間《きかん》を設《もう》けさせて。

！もっと知《し》ろう

エリマキシギは、アフリカ〜ユーラシア大陸北部《たいりくほくぶ》を移動《いどう》する渡《わた》り鳥《どり》。繁殖期《はんしょくき》にオスは襟巻《えりま》きのような衣《い》装《しょう》（羽毛《うもう》）を身《み》にまとい、バックダンサーを従《したが》えレック（集団求愛場《しゅうだんきゅうあいじょう》）で情熱的《じょうねつてき》に踊《おど》る。

保留《ほりゅう》

就《しゅう》職《しょく》動《どう》物《ぶつ》座《ざ》談《だん》会《かい》 ぶっちゃけトーク

今回《こんかい》は、本校《ほんこう》の卒業生《そつぎょうせい》である先輩《せんぱい》たちに、座談会形式《ざだんかいけいしき》でぶっちゃけトークをしてもらいました。テーブルごとにテーマを設《もう》けさせてもらいました。

就職課《しゅうしょくか》（キャリアセンター）より

先輩風《せんぱいかぜ》吹《ふ》かせる編《へん》

テーブル1には、「これから就活《しゅうかつ》する後輩《こうはい》に、ぜひとも一言《ひとこと》アドバイスをしたい」、という先輩《せんぱい》たちに集《あつ》まってもらいました。

ワライカワセミ：わたしは緊張《きんちょう》すると笑《わら》ってしまうタイプなんです。悲《かな》しい話《はなし》とかも、ツボに入《はい》って、かえって笑《わら》いが止《と》まらなくなる。同《おな》じようなタイプは気《き》をつけて。

オランウータン：茶髪《ちゃぱつ》の見《み》た目《め》で誤解《ごかい》されることもあるので、身《み》だしなみには気《き》をつけて。清潔感《せいけつかん》とかも、マジ大事《だいじ》だから。

ニホンザル：あいさつにうるさい奴《やつ》、結構多《けっこうおお》いから、ハッキリ大《おお》げさにやっておこう。いや、俺《おれ》のことじゃないよ。

アイアイ：保育士《ほいくし》の採用《さいよう》試験《しけん》で、ライバルにギターを細工《さいく》されて演奏《えんそう》できなかったので、とっさに童謡《どうよう》『アイアイ』をアカペラで歌《うた》って、エアギターしてのりきって、採用《さいよう》。最後《さいご》まで諦《あきら》めないことが肝心《かんじん》。

面接《めんせつ》での嫌《いや》な体験《たいけん》自慢《じまん》編《へん》

テーブル2では、就活《しゅうかつ》の面接《めんせつ》で、嫌《いや》な体験《たいけん》をしたエピソードを教《おし》えてもらいました。

フクロテナガザル：おいらが言《い》われたのは、「キミ、声《こえ》だけは大《おお》きくてはきはきしているね」って社長面接《しゃちょうめんせつ》で。嫌《いや》なこと言《い》ってくる、圧迫面《あっぱくめん》接《せつ》への対応策《たいおうさく》も考《かんが》えておいた方《ほう》がいいよ。

ジャイアントパンダ：僕《ぼく》がショックだったのは、「パッと見《み》はいいけど、よく見《み》ると、けっこう目《め》つき悪《わる》いよね」って、真顔《まがお》で言《い》われたことかな。これも圧迫面接《あっぱくめんせつ》？　ただの悪口《わるぐち》？

ウシ：私《わたし》なんて酪農《らくのう》の面接《めんせつ》で「おっぱい見《み》せて」ってセクハラ発言《はつげん》。その後《ご》、乳《ちち》しぼろうとしたしね。そんなに軽《かる》い女《おんな》じゃないっつーの。

オオカミ：俺《おれ》なんて面接官《めんせつかん》にお尻《しり》のニオイをしつこく嗅《か》がれたぜ。確《たし》かに、イヌ科《か》のあいさつではあるけど、馴《な》れ馴《な》れしすぎだっての。

まとめると、いろいろな面接《めんせつ》に対応《たいおう》できるように、訓練《くんれん》は必要《ひつよう》。本当《ほんとう》に嫌《いや》なことしてくる企業《きぎょう》は、こちらから断《ことわ》ることも考《かんが》えた方《ほう》がいいかもね。

一世《いっせい》を風靡《ふうび》したタレント編《へん》

テーブル3では、一躍《いちやく》時代《じだい》の寵児《ちょうじ》となった動物《どうぶつ》タレントのみなさんに集《あつ》まってもらい現在《げんざい》について語《かた》ってもらいました。

レッサーパンダ：2本足《ほんあし》で立《た》つことでフィーバーしたんだけど、僕《ぼく》らの仲間《なかま》には、結構《けっこう》普通《ふつう》のことで、みんなやってる。今《いま》でも2本足直立《ほんあしちょくりつ》は、動物園《どうぶつえん》とかで、そこそこ人気《にんき》あるよ。

アルパカ：もふもふキャラが売《う》りでしたが、今《いま》は毛《け》を刈《か》られています。最初《さいしょ》は毛刈《けが》りパワハラかと思《おも》ったけど、慣《な》れると涼《すず》しくて、これも悪《わる》くないかなぁ。

エリマキトカゲ：かつてはCM《シーエム》やテレ

ビに引《ひ》っ張《ば》りだこでしたが、今《いま》はさっぱり……。オーストラリアの2セント銅貨《どうか》のデザインにもなりましたが、1991年《ねん》から鋳造《ちゅうぞう》されていません。

ウーパールーパー：実《じつ》はウーパールーパーは芸名《げいめい》で、今《いま》は本名《ほんみょう》のメキシコサンショウウオで活動《かつどう》しています。白《しろ》い姿《すがた》もタレント衣装《いしょう》で、本《ほん》当《とう》は灰色《はいいろ》なんです。ギャラも当時《とうじ》の1／5になりました。

仕事人《しごとにん》としての夢《ゆめ》を語《かた》る編《へん》

テーブル4では、様々《さまざま》な業界《ぎょうかい》の最《さい》前線《ぜんせん》で活躍《かつやく》する先輩《せんぱい》たちに、仕事《しごと》での将来《しょうらい》の夢《ゆめ》について語《かた》ってもらいました。

タテガミオオカミ：二枚目《にまいめ》の役《やく》ばっかりなので、ヤブイヌさんのようなコメディも演《えん》じられる渋《しぶ》い役者《やくしゃ》を目指《めざ》したいね。

タンビカンザシフウチョウ：私《わたし》は、パリコレで黒《くろ》の服《ふく》で評価《ひょうか》されたんだけど、それ以外《いがい》の衣装《いしょう》も着《き》こなせるようになりたい。

ハエトリグモ：僕《ぼく》は、網《あみ》を張《は》らずに、ピョンピョン歩《ある》き回《まわ》って獲物《えもの》を探《さが》す、クモ界《かい》の冒険家《ぼうけんか》。いつか、エベレストの登頂《とうちょう》に挑《いど》みたい。

チーター：指導者《しどうしゃ》として、選手《せんしゅ》に陸《りく》上《じょう》の世界記録《せかいきろく》を更新《こうしん》させたいよね。体育会系《たいいくかいけい》の指導者《しどうしゃ》は、すぐに熱《あつ》くなる奴《やつ》が多《おお》いから、怒《おこ》らずに、ほめて伸《の》ばす、楽《たの》しいスポーツトレーナーになりたいな。

ボノボ：私《わたし》、大統領《だいとうりょう》に就任《しゅうにん》しました。お金持《かねも》ちが、さらにお金持《かねも》ちになるような、今《いま》の経済《けいざい》のしくみを変《か》えたい。もうかったお金《かね》を、社会《しゃかい》を変《か》えるようなソーシャルビジネスに投《とう》資《し》するようなしくみを模索《もさく》したいですね。とにかく、争《あらそ》いのない、愛《あい》と平和《へいわ》に満《み》ちた世界《せかい》になりますように。

座談会《ざだんかい》ご参加《さんか》の皆様《みなさま》ありがとうございました。これからも第一線《だいいっせん》でのご活躍《かつやく》を心《こころ》よりお祈《いの》りいたします。

第《だい》6章《しょう》
くらしを守《まも》る・支《ささ》える仕事《しごと》

ANIMAL
Profession
CATALOG

消《しょう》防《ぼう》士《し》

仕事内容《しごとないよう》 火事《かじ》のときに消火活動《しょうかかつどう》をしたり、災害《さいがい》のときに人《ひと》を救出《きゅうしゅつ》したり、ケガをした人《ひと》を病院《びょういん》に運《はこ》んだりするのが仕事《しごと》。地域《ちいき》にある消防本部《しょうぼうほんぶ》ごとに採用試験《さいようしけん》（公務員《こうむいん》）がある。●収入《しゅうにゅう》★★ ●競争倍率《きょうそうばいりつ》★★

仲間《なかま》とともに、この難局《なんきょく》を切《き》り抜《ぬ》ける！

火事《かじ》や災害《さいがい》のとき現場《げんば》に急行《きゅうこう》し命《いのち》をかけて救助《きゅうじょ》する

消防隊隊長《しょうぼうたいたいちょう》

シロサイ

こんな動物《どうぶつ》たちも活躍中《かつやくちゅう》！
アジアゾウ／ヒクイドリ
など

1 お仕事《しごと》チェック！

使命感《しめいかん》を持《も》った勇敢《ゆうかん》な消防士《しょうぼうし》を募集中《ぼしゅうちゅう》

消防隊《しょうぼうたい》として消火活動《しょうかかつどう》をしたり、災害時《さいがいじ》や事故《じこ》の際《さい》にレスキュー隊《たい》として市民《しみん》の救命《きゅうめい》をしたりします。また、救急《きゅうきゅう》車《しゃ》に乗《の》る救急救命士《きゅうきゅうきゅうめいし》は、専門《せんもん》研修《けんしゅう》などを受《う》けて、ひとつでも多《おお》くの命《いのち》を救《すく》うために現場《げんば》に毎日出動《まいにちしゅつどう》します。

私《わたし》、シロサイは、アフリカで〝サバンナの消防士《しょうぼうし》〟と呼《よ》ばれ、野火《のび》が起《お》こると真《ま》っ先《さき》に消火《しょうか》に走《はし》ります。その経験《けいけん》から、現在《げんざい》は消防隊隊長《しょうぼうたいたいちょう》を務《つと》めます。チームで動《うご》ける勇敢《ゆうかん》な消防士《しょうぼうし》を募集《ぼしゅう》！

住所《じゅうしょ》 アフリカ・ケニア分署《ぶんしょ》
理念《りねん》「火《ひ》の用心《ようじん》　油断《ゆだん》1秒《びょう》　大火災《だいかさい》」
（スローガン）

もしもツバメが就活《しゅうかつ》したら……!?

2 履歴書《りれきしょ》

ツバメ（アフリカコシアカツバメ）

見《み》えないものが見《み》えるんです

経歴《けいれき》

アフリカ・タンザニア出身《しゅっしん》

前職《ぜんしょく》 郵便局員《ゆうびんきょくいん》

長所《ちょうしょ》 仕事《しごと》が早《はや》い

短所《たんしょ》 おしゃべり

志望動機《しぼうどうき》

アフリカの草原《そうげん》の野《の》火《び》が大好《だいす》きで、志望《しぼう》しました。火事《かじ》の火《ひ》で草《くさ》むらに隠《かく》れている虫《むし》たちが飛《と》び出《だ》すので、それを捕《つか》まえて食《た》べるのが大好《だいす》き。ちなみに、「ツバメは、火《か》事《じ》を出《だ》す家《いえ》には巣《す》をつくらない」と言《い》われるなど、昔《むかし》から縁起《えんぎ》の良《よ》い鳥《とり》とされています。

3 採用《さいよう》テスト

採用者《さいようしゃ》メッセージ

予知能力《よちのうりょく》はすごいが火事好《かじず》きは困《こま》ります

あなたの予知能力《よちのうりょく》は、大変《たいへん》すごい能力《のうりょく》だと思《おも》います。しかしながら、火事《かじ》が好《す》きという志望動機《しぼうどうき》なので、消防士《しょうぼうし》には向《む》いていないと判断《はんだん》し、今回《こんかい》は不採用《ふさいよう》としました。→ツバメさんにおすすめの仕事《しごと》は「気象予《きしょうよ》報士《ほうし》」（P142）

もっと知《し》ろう

シロサイは、アフリカのサバンナに生息《せいそく》するゾウに次《つ》ぐ大型《おおがた》の草食動《そうしょくどう》物《ぶつ》。比較的温和《ひかくてきおんわ》な性格《せいかく》だが、怒《おこ》ると怖《こわ》い。オスは広《ひろ》いなわばりをもち、そこを巡回《じゅんかい》し、野火《のび》があると、足《あし》でふんで消火《しょうか》しようとする。

縁起《えんぎ》の良《よ》い鳥《とり》

仮入隊《かりにゅうたい》のツバメです！よろしくです！
おうっ！
私《わたし》はいかに小《ちい》さな炎《ほのお》も見逃《みのが》さず消火活動《しょうかかつどう》にあたる！
私《わたし》は訓練《くんれん》によって炎《ほのお》を恐《おそ》れない勇気《ゆうき》を得《え》た！君《きみ》の特技《とくぎ》はなにかな？
私《わたし》は火事《かじ》になる家《いえ》がわかるのです
…
マジ?!
なんかすごいの来《き》ちゃった

不採用《ふさいよう》

仕事内容《しごとないよう》 国民《こくみん》の安全《あんぜん》を守《まも》るために、街《まち》をパトロールしたり、事件《じけん》の真相《しんそう》を調《しら》べたり、治安《ちあん》を守《まも》るために警備《けいび》をしたりする。都道府県《とどうふけん》ごとに採用試験《さいようしけん》（公務員《こうむいん》）がある。●収入《しゅうにゅう》★★ ●競争倍率《きょうそうばいりつ》★★

警察官《けいさつかん》

警部補《けいぶほ》

シェパード

こんな動物《どうぶつ》たちも活躍中《かつやくちゅう》！
ドーベルマン／コリー／ラブラドール・レトリバーなど

正義感《せいぎかん》を胸《むね》に抱《いだ》き 市民《しみん》の安全《あんぜん》を守《まも》る

1 お仕事《しごと》チェック！

運動能力《うんどうのうりょく》・聴覚《ちょうかく》・嗅覚《きゅうかく》を犯罪捜査《はんざいそうさ》などに活《い》かす

地域社会《ちいきしゃかい》の平和《へいわ》・安全《あんぜん》を守《まも》る治安維持《ちあんいじ》を主《おも》な職務《しょくむ》とする仕事《しごと》。交通《こうつう》にかかわる安全《あんぜん》や、事件《じけん》などの犯罪《はんざい》まで、各種法律《かくしゅほうりつ》に基《もと》づいて解決《かいけつ》・防犯《ぼうはん》を行《おこな》い、市民《しみん》の日常生活《にちじょうせいかつ》の安心安全《あんしんあんぜん》に貢献《こうけん》します。

私《わたくし》どもイヌは、規律《きりつ》を忠実《ちゅうじつ》に守《まも》ることを得意《とくい》とし、加《くわ》えて高《たか》い運動能力《うんどうのうりょく》や嗅覚《きゅうかく》・聴覚《ちょうかく》など捜査能力《そうさのうりょく》の特技《とくぎ》を発揮《はっき》して、日夜市民《にちやしみん》の安全《あんぜん》のことを考《かんが》えております。正義感《せいぎかん》の強《つよ》い方《かた》をお待《ま》ちしています。

住所《じゅうしょ》 東京都《とうきょうと》（配属先《はいぞくさき》）
理念《りねん》 ゴメンで済《す》んだら警察《けいさつ》いらない（スローガン）

もしもパグが就活《しゅうかつ》したら……!?

2 履歴書《りれきしょ》

パグ

仲間《なかま》とプリクラで撮《と》ってみた！

経歴《けいれき》
中国生《ちゅうごくう》まれ、
日本育《にほんそだ》ち

前職《ぜんしょく》 新卒《しんそつ》（高卒《こうそつ》）

長所《ちょうしょ》 誰《だれ》とでも仲良《なかよ》くなれる

短所《たんしょ》 時々電柱《ときどきでんちゅう》で立《た》ち小便《しょうべん》をする

志望動機《しぼうどうき》
正義感《せいぎかん》が強《つよ》く、市民《しみん》の安全《あんぜん》に貢献《こうけん》したいと思《おも》い志望《しぼう》しました。自分《じぶん》が何《なに》か社会《しゃかい》の役《やく》に立《た》ちたい、市民《しみん》が安心《あんしん》して暮《く》らせる街《まち》づくりに尽力《じんりょく》したい、そんな思《おも》いを抱《いだ》いています。

3 採用《さいよう》テスト

正義《せいぎ》こそすべて

パグ君《くん》は鼻《はな》のききがイマイチだが…
でも正義感《せいぎかん》はあります！
ミニチュアダックス君《くん》、脚《あし》が短《みじか》くて、走《はし》るの遅《おそ》いね…
でも正義感《せいぎかん》はあります！
チワワ君《くん》あなたはちょっと吠《ほ》えすぎな…
キャンキャン
でも正義感《せいぎかん》はあります！
カワイイは正義《せいぎ》!!
キュン
今年《ことし》はビミョーなのが集《あつ》まったなぁ…

採用者《さいようしゃ》メッセージ

警察学校《けいさつがっこう》の生活態度《せいかつたいど》で採用《さいよう》を検討《けんとう》します

履歴書記載事項《りれきしょきさいじこう》の「電柱《でんちゅう》の小便《しょうべん》」は、軽犯罪法第《けいはんざいほうだい》1条違反《じょういはん》で1日以上《にちいじょう》30日未満《にちみまん》の拘束《こうそく》または1000円以上《えんいじょう》1万円未満《まんえんみまん》の科料《かりょう》が科《か》せられます。厳重注意《げんじゅうちゅうい》で、保留《ほりゅう》とさせていただきます。それと、証明写真《しょうめいしゃしん》は自分《じぶん》だけの写真《しゃしん》で！

! もっと知《し》ろう

イヌは、約《やく》2万年前《まんねんまえ》にオオカミを家畜化《かちくか》してつくられた、家畜《かちく》としては最古《さいこ》の動物《どうぶつ》。社会性動物《しゃかいせいどうぶつ》なのでチームでの仕事《しごと》を理解《りかい》し、嗅覚《きゅうかく》などを活《い》かして警察犬《けいさつけん》などの使役動物《しえきどうぶつ》としても活躍《かつやく》。

保留《ほりゅう》

自《じ》衛《えい》隊《たい》

仕事内容《しごとないよう》 陸上《りくじょう》・海上《かいじょう》・航空《こうくう》という3つの自衛隊《じえいたい》がある。それぞれに多彩《たさい》な職種《しょくしゅ》があり、希望《きぼう》に応《おう》じて、目指《めざ》すことができる。防衛大学《ぼうえいだいがく》をはじめとした専門《せんもん》の学校《がっこう》もある。●収入《しゅうにゅう》★★ ●競争倍率《きょうそうばいりつ》★★

上官《じょうかん》の命令《めいれい》は絶対《ぜったい》 規律《きりつ》を重《おも》んじ 作戦《さくせん》を貫徹《かんてつ》する

一等陸士《いっとうりくし》

グンタイアリ

こんな動物《どうぶつ》たちも活躍中《かつやくちゅう》！
スズメバチ／オニカマスなど

1 お仕事《しごと》チェック！

仲間《なかま》のために命《いのち》をかける統率《とうそつ》のとれた部隊《ぶたい》

日本国《にっぽんこく》を海外《かいがい》の軍事的脅威《ぐんじてききょうい》から守《まも》る自衛隊《じえいたい》は、陸上自衛隊《りくじょうじえいたい》、海上自衛隊《かいじょうじえいたい》、航空自衛隊《こうくうじえいたい》に分《わ》かれます。災害派遣《さいがいはけん》などで災害復興《さいがいふっこう》にも大《おお》きく貢献《こうけん》。ちなみに日本《にほん》では憲法第《けんぽうだい》9条《じょう》の関係《かんけい》から、自衛隊員《じえいたいいん》は、軍人《ぐんじん》ではなく、国家公務員《こっかこうむいん》とされています。

自衛隊員《じえいたいいん》である自分《じぶん》たちグンタイアリは、アリの巣《す》を持《も》たず、兵隊《へいたい》のように隊列《たいれつ》を組《く》む集団行動《しゅうだんこうどう》が得意《とくい》。仲間《なかま》のために命《いのち》を落《お》とすこともいとわない精神《せいしん》で鍛《きた》えられています。

住所《じゅうしょ》 日本《にほん》（配属《はいぞく》）
理念《りねん》 大切《たいせつ》な人《ひと》を守《まも》り抜《ぬ》く（キャッチコピー）

もしもクリスマスアカガニが就活《しゅうかつ》したら……!?

2 履歴書《りれきしょ》

クリスマスアカガニ

1年《ねん》に一度《いちど》、繁殖《はんしょく》で大移動《だいいどう》！

経歴《けいれき》
オーストラリア領《りょう》
クリスマス島出身《とうしゅっしん》

前職《ぜんしょく》 林業《りんぎょう》
長所《ちょうしょ》 集団行動《しゅうだんこうどう》が得意《とくい》
短所《たんしょ》 リーダーシップがない

志望動機《しぼうどうき》
私《わたし》たちクリスマスアカガニは、数千万匹《すうせんまんびき》で同《おな》じ行動《こうどう》ができ、山《やま》と海辺《うみべ》の活動《かつどう》を得《とく》意《い》としているため、自衛隊《じえいたい》の仕事《しごと》に向《む》いていると思《おも》い志望《しぼう》しました。

3 採用《さいよう》テスト

大量破壊兵器《たいりょうはかいへいき》

天敵《てんてき》だったネズミの絶滅《ぜつめつ》により増加《ぞうか》に次《つ》ぐ増加《ぞうか》！
ザッ ザッ
数《かず》は増《ふ》えたが隊列《たいれつ》は乱《みだ》すなよ！
ザッ ザッ
総員退避《そういんたいひ》！
退避《たいひ》～!!
!?
パップー!!
ひー！
う～む恐《おそ》るべし人間《にんげん》の大量破壊《たいりょうはかい》兵器《へいき》…
ブロロロロ～～ン
あぶねー!
気《き》をつけろー!

採用者《さいようしゃ》メッセージ

行軍《こうぐん》は素晴《すば》らしいが
色《いろ》が目立《めだ》ちすぎる……

行軍《こうぐん》については、大変素晴《たいへんすば》らしいと思《おも》いましたが、赤《あか》すぎて有事《ゆうじ》に目立《めだ》ちすぎるために、残念《ざんねん》ながら採用《さいよう》を見送《みおく》らせて頂《いただ》きました。→クリスマスアカガニさんにおすすめの仕事《しごと》は「理容師《りようし》・美容師《びようし》」(P58)

! もっと知《し》ろう

グンタイアリは、世界《せかい》の熱帯雨林《ねったいうりん》に生息《せいそく》。日本《にほん》でも沖縄《おきなわ》などにグンタイアリの仲間《なかま》が生息《せいそく》している。巣《す》を持《も》たず地上《ちじょう》を軍隊《ぐんたい》のように隊列《たいれつ》を組《く》んで徘徊《はいかい》する。攻《こう》撃性《げきせい》が強《つよ》く、どんな獲物《えもの》にも集団《しゅうだん》で襲《おそ》いかかる。

不《ふ》採《さい》用《よう》

仕事内容《しごとないよう》 選挙《せんきょ》に立候補《りっこうほ》し、投票《とうひょう》で選《えら》ばれることで政治家《せいじか》（公務《こうむ》員《いん》）になれる。国《くに》や地域《ちいき》がどうしたら良《よ》くなるかを考《かんが》え、税金《ぜいきん》の使《つか》い道《みち》を決《き》めるのが政治家《せいじか》の仕事《しごと》。●収入《しゅうにゅう》★★★ ●競争倍率《きょうそうばいりつ》★

政《せい》治《じ》家《か》

国民《こくみん》の利益《りえき》を最優先《さいゆうせん》にした政策《せいさく》を打《う》ち出《だ》します

国会議員《こっかいぎいん》

チンパンジー

こんな動物《どうぶつ》たちも活躍中《かつやくちゅう》！
マントヒヒ／フォークランドカラカラ
など

国《くに》や地域《ちいき》を良《よ》くするために国民《こくみん》の代表《だいひょう》として政治《せいじ》をつかさどる

1 お仕事《しごと》チェック！

理想《りそう》と現実《げんじつ》の差《さ》をどうしたら埋《う》められるか？

公平《こうへい》な選挙《せんきょ》により国民《こくみん》の代《だい》表《ひょう》として選《えら》ばれ、国《くに》や地方《ちほう》に関《かか》わる議員《ぎいん》として働《はたら》く仕事《しごと》。国民《こくみん》の権利《けんり》や利益《りえき》を守《まも》るために尽力《じんりょく》します。

私《わたし》、チンパンジーは、皆様《みなさま》の安心安全《あんしんあんぜん》を最優先《さいゆうせん》に考《かんが》え、社会的弱者《しゃかいてきじゃくしゃ》の意見《いけん》に真摯《しんし》に耳《みみ》を傾《かたむ》け、平等《びょうどう》で格差《かくさ》のない、明《あか》るく、美《うつく》しい国《くに》をつくっていきたいと考《かんが》えております。そのために、日々《ひび》の業務《ぎょうむ》をサポートしてくれる秘書《ひしょ》を募集《ぼしゅう》いたします。将来《しょうらい》、政治家志《せいじかし》望《ぼう》の方《かた》も大歓迎《だいかんげい》です。

住所《じゅうしょ》 アメリカ合衆国《がっしゅうこく》・ワシントンD《ディー》・C《シー》・

理念《りねん》 大切《たいせつ》なのは次《つぎ》の選挙《せんきょ》

もしもボノボが就活《しゅうかつ》したら……!?

2 履歴書《りれきしょ》

ボノボ

利権《りけん》の選挙《せんきょ》はもうやめない!?

経歴《けいれき》
アフリカ・コンゴ民主共和国出身《みんしゅきょうわこくしゅっしん》

前職《ぜんしょく》 農業《のうぎょう》
思想《しそう》 超平和主義《ちょうへいわしゅぎ》
短所《たんしょ》 少《すこ》しスケベ

志望動機《しぼうどうき》
もともとは政治活動《せいじかつどう》には興味《きょうみ》が無《な》く、争《あらそ》い事《ごと》も嫌《きら》いです。しかし、今《いま》の世《よ》の中《なか》に疑問《ぎもん》をもち、政治《せいじ》のことを勉強《べんきょう》したくて、派《は》閥《ばつ》づくりが得意《とくい》なチンパンジーさんの下《した》で学《まな》びたいと思《おも》い秘書《ひしょ》に応募《おうぼ》をいたしました。

3 採用《さいよう》テスト

採用者《さいようしゃ》メッセージ

まさか選挙《せんきょ》で負《ま》けるとは……

あなたを、政治家秘書《せいじかひしょ》として採用《さいよう》し、一《いち》から政治《せいじ》について教《おし》えてきました。もともと、思《し》想《そう》は合《あ》いませんでしたが、まさかあなたが大統領選《だいとうりょうせん》の対立候《たいりつこう》補《ほ》になるとは……。

もっと知《し》ろう

チンパンジーは、アフリカのジャングルに生息《せいそく》。ヒトと同《おな》じく尻尾《しっぽ》の無《な》いサル（類人猿《るいじんえん》）。知能《ちのう》が高《たか》く、群《む》れの順位《じゅんい》や権力《けんりょく》は、ケンカの強《つよ》さだけでなく、派《は》閥同士《ばつどうし》の組織的《そしきてき》な強《つよ》さによって決《き》まる。

採用《さいよう》

まさかの子弟対決《していたいけつ》！

1番《ばん》じゃないとだめですか？2番《ばん》でも良《よ》くないですか？食《た》べ物《もの》は生《い》きていける分《ぶん》あればそれでオッケー
ボノボ秘書《ひしょ》
進歩《しんぽ》こそが絶対《ぜったい》だ。今《いま》こそ、森《もり》を出《で》て、世界中《せかいじゅう》のバナナを猿《さる》の手《て》に！
チンパンジー議員《ぎいん》
10年後《ねんご》
若者《わかもの》の支持《しじ》を集《あつ》めボノボ氏《し》が大統領《だいとうりょう》に就任《しゅうにん》!!
ワー ワー
なぜだぁ!?
そこそこがいちばんだよ…

裁判官《さいばんかん》

仕事内容《しごとないよう》 司法試験合格《しほうしけんごうかく》し、１年《ねん》の司法修習後《しほうしゅうしゅうご》、裁判官《さいばんかん》、検察官《けんさつかん》、弁護士《べんごし》の資格《しかく》を得《え》る。裁判官《さいばんかん》は、最《もっと》も狭《せま》き門《もん》で、ときに人《ひと》の生死《せいし》の判断《はんだん》を迫《せま》られる、極《きわ》めて責任《せきにん》の重《おも》い仕事《しごと》。●収入《しゅうにゅう》★★★ ●競争倍率《きょうそうばいりつ》★★

裁判官《さいばんかん》

キジ

こんな動物《どうぶつ》たちも活躍中《かつやくちゅう》！
フクロウ／タンチョウ／ゾウガメなど

裁判《さいばん》で真実《しんじつ》を追求《ついきゅう》し白黒《しろくろ》はっきりさせる法律《ほうりつ》のプロ

1 お仕事《しごと》チェック！

弁護士《べんごし》と検察官《けんさつかん》の話《はなし》を聞《き》き裁判官《さいばんかん》が判決《はんけつ》を下《くだ》す

裁判制度《さいばんせいど》は、さまざまな犯《はん》罪《ざい》や争《あらそ》い事《ごと》に対《たい》して、法《ほう》に則《のっと》り、ふさわしい量刑《りょうけい》かどうか検討《けんとう》し、国民《こくみん》の自由《じゆう》や権利《けんり》を守《まも》るもの。裁判《さいばん》の流《なが》れは、被《ひ》告人《こくにん》を起訴《きそ》する検察官《けんさつかん》の論告《ろんこく》と、被告人《ひこくにん》を守《まも》る弁護士《べんごし》の弁《べん》論《ろん》などの後《あと》、裁判官《さいばんかん》が判決《はんけつ》を下《くだ》します。

裁判官《さいばんかん》である私《わたし》、キジは、正義感《せいぎかん》が強《つよ》く曲《ま》がったことが許《ゆる》せない性格《せいかく》。権力《けんりょく》や脅《おど》しにも屈《くっ》することはありません。判決《はんけつ》を下《くだ》す、最《もっと》も大《おお》きな責任《せきにん》を背負《せお》う裁判官《さいばんかん》を志《こころざ》す若者《わかもの》を、お待《ま》ちしています。

住所《じゅうしょ》 東京都千代田区隼町《とうきょうとちよだくはやぶさちょう》
理念《りねん》 公平《こうへい》な裁判《さいばん》を！

もしもマルミミゾウが就活《しゅうかつ》したら……!?

2 履歴書《りれきしょ》

マルミミゾウ

経歴《けいれき》

アフリカ・セネガル出身《しゅっしん》

前職《ぜんしょく》 土木業《どぼくぎょう》

長所《ちょうしょ》 弱《よわ》い者《もの》を助《たす》ける

短所《たんしょ》 カッとなると冷静《れいせい》さを失《うしな》う

志望動機《しぼうどうき》

争《あらそ》い事《ごと》が好《す》きではないので、仲裁《ちゅうさい》したり、不正《ふせい》をただす仕事《しごと》に就《つ》きたいと思《おも》い、只今法律《ただいまほうりつ》を猛勉強中《もうべんきょうちゅう》です。勉強《べんきょう》した成果《せいか》を活《い》かして、争《あらそ》い事《ごと》を“丸《まる》く”収《おさ》めたいと思《おも》います。

3 採用《さいよう》テスト

採用者《さいようしゃ》メッセージ

あなたは裁判官《さいばんかん》に向《む》いていると思《おも》います

争《あらそ》いごとを、見事《みごと》に仲裁《ちゅうさい》できる力《ちから》があり、パワーであなたを脅《おど》す者《もの》はいないと思《おも》います。ときに、冷静《れいせい》さを失《うしな》うことがあるように見受《みう》けられますので、常《つね》に平常心《へいじょうしん》で公正《こうせい》な裁判《さいばん》に臨《のぞ》んでください。

もっと知《し》ろう

キジは、日本《にほん》の国鳥《こくちょう》。キジの仲間《なかま》は気《き》が強《つよ》く、闘《たたか》う相手《あいて》が自分《じぶん》より大《おお》きくても、引《ひ》き下《さ》がらずに果敢《かかん》に何度《なんど》でも向《む》かって行《い》く。鳴《な》き声《ごえ》も大《おお》きく、周囲《しゅうい》に自分《じぶん》の存在《そんざい》をアピールする。

採用

パワフルな仲裁《ちゅうさい》

仕事内容《しごとないよう》 公務員《こうむいん》には、国全体《くにぜんたい》を支《ささ》える「国家公務員《こっかこうむいん》」と、県《けん》や市《し》町村《ちょうそん》などで地域《ちいき》を支《ささ》える「地方公務員《ちほうこうむいん》」がある。それぞれに採用試験《さいようしけん》がある。●収入《しゅうにゅう》★★ ●競争倍率《きょうそうばいりつ》★★

公務員《こうむいん》

地方公務員《ちほうこうむいん》

ミツバチ

こんな動物《どうぶつ》たちも活躍中《かつやくちゅう》！
アリ／ハダカデバネズミ
など

少《すこ》しずつ役割分担《やくわりぶんたん》して みんなが住《す》みやすい 地域《ちいき》をつくる

1 お仕事《しごと》チェック！

部署《ぶしょ》で役割分担《やくわりぶんたん》をして様々《さまざま》な業務《ぎょうむ》を行《おこな》う

国《くに》や地方公共団体《ちほうこうきょうだんたい》で、市民《しみん》の生活《せいかつ》が円滑《えんかつ》に進《すす》むように様々《さまざま》な行政《ぎょうせい》の管理《かんり》・サービスを提供《ていきょう》する仕事《しごと》。福祉《ふくし》や市民《しみん》生活《せいかつ》、町《まち》づくりに関《かん》する部署《ぶしょ》があり、それぞれ役割分担《やくわりぶんたん》をしています。

私《わたし》たちミツバチのコロニーも、仕事《しごと》は細《こま》かく分業化《ぶんぎょうか》されています。すべてのミツバチは、巣《す》のどこに何《なに》があるかすべて把握《はあく》し、育児《いくじ》（福祉課《ふくしか》）やお掃除《そうじ》（清掃課《せいそうか》）やパトロール（生活安全課《せいかつあんぜんか》）などを分業《ぶんぎょう》。やる気《き》のある若者《わかもの》を求《もと》めています。

住所《じゅうしょ》 都道府県《とどうふけん》
理念《りねん》 市民《しみん》に尽《つ》くせよ「すぐやる課《か》」

もしもミツバチ（オス）が就活《しゅうかつ》したら……!?

2 履歴書《りれきしょ》

ミツバチ(オス)

何《なに》もしないのに流石《さすが》に飽《あ》きたよ

経歴《けいれき》

日本出身《にほんしゅっしん》

前職《ぜんしょく》 無職《むしょく》（ヒモ）

長所《ちょうしょ》 穏《おだ》やかで優《やさ》しい性格《せいかく》

短所《たんしょ》 勤労意欲《きんろういよく》がない

志望動機《しぼうどうき》

ミツバチのコロニーでは、働《はたら》いているのはメスばかりなので、毎日《まいにち》ダラダラしていましたが、自分《じぶん》もこのままじゃいけない、「変《か》わりたい」と思《おも》い、仕事探《しごとさが》しをするようになりました。

3 採用《さいよう》テスト

採用者《さいようしゃ》メッセージ

とりあえず短期採用《たんきさいよう》で様子《ようす》を見《み》させてください

面接中《めんせつちゅう》、勤労意欲《きんろういよく》が全《まった》く感《かん》じられませんでしたが、「変《か》わりたい」というあなたの言葉《ことば》を信《しん》じて、今回《こんかい》は特例《とくれい》の臨時職《りんじしょく》員枠《いんわく》での短期採用《たんきさいよう》で、様子《ようす》を見《み》させてください。

もっと知《し》ろう

ミツバチは、昆虫《こんちゅう》の中《なか》でも最《もっと》も進《しん》化《か》したグループのひとつで社会性昆《しゃかいせいこん》虫《ちゅう》と呼《よ》ばれている。繁殖個体《はんしょくこたい》、それを支《ささ》える非繁殖個体《ひはんしょくこたい》など組織的《そしきてき》に分業《ぶんぎょう》されていてコロニー全体《ぜんたい》がひとつの生《い》き物《もの》のようになっている。繁殖個体《はんしょくこたい》のオスは、繁殖《はんしょく》のためだけに存在《そんざい》し、ほとんど働《はたら》かない。

保《ほ》留《りゅう》

チャラ男《お》の決意《けつい》

チャラ〜
今日《きょう》からよろしくオナシャース
ようこそ新人君《しんじんくん》
ダラケ〜〜
毎日毎日《まいにちまいにち》ヒマだからテキトーにくつろげばいいジャ〜ン
ウェ〜イ
歓迎《かんげい》パーティーやろっか〜
あははは
……ここ……大丈夫《だいじょうぶ》か……?
チャラ男《お》もドン引《び》くヤバさ!!

仕事内容《しごとないよう》 主《おも》に大学《だいがく》で教員免許状《きょういんめんきょじょう》をとり、都道府県《とどうふけん》などの採用試験《さいようしけん》に合格《ごうかく》する必要《ひつよう》がある。勉強《べんきょう》を教《おし》えるスキルだけでなく、生徒《せいと》の将来《しょうらい》を見据《みす》えた指導《しどう》が求《もと》められる。●収入《しゅうにゅう》★★ ●競争倍率《きょうそうばいりつ》★★

教師《きょうし》

小学校教諭《しょうがっこうきょうゆ》

ライオン

こんな動物《どうぶつ》たちも活躍中《かつやくちゅう》！
ゴリラ／オットセイ／イルカなど

子《こ》どもの成長《せいちょう》に合《あ》わせて能力《のうりょく》をしっかり伸《の》ばす

1 お仕事《しごと》チェック！

小学校《しょうがっこう》から高校《こうこう》まで一貫指導《いっかんしどう》を行《おこな》う名門校《めいもんこう》

小学校《しょうがっこう》、中学校《ちゅうがっこう》、高等学校《こうとうがっこう》で教鞭《きょうべん》をとる場合《ばあい》、それぞれ教員免許状《きょういんめんきょじょう》が必要《ひつよう》。

私《わたし》、ライオンは、創立《そうりつ》100年《ねん》を誇《ほこ》る小《しょう》・中《ちゅう》・高一貫校《こういっかんこう》の校長《こうちょう》。12年間《ねんかん》の教育《きょういく》で、生徒《せいと》を一人前《いちにんまえ》に育《そだ》てています。

本校《ほんこう》の教育方針《きょういくほうしん》は、ときに優《やさ》しく、ときに厳《きび》しく、成長《せいちょう》に合《あ》わせた教育《きょういく》を行《おこな》うこと。ラグビーを教育《きょういく》に取《と》り込《こ》み、高等部《こうとうぶ》では、花園《はなぞの》（全国高等学校《ぜんこくこうとうがっこう》ラグビーフットボール大会《たいかい》）出場《しゅつじょう》を目指しています。

本年度《ほんねんど》も教育実習生《きょういくじっしゅうせい》の受《う》け入《い》れを行《おこな》います。

住所《じゅうしょ》 栃木県宇都宮市《とちぎけんうつのみやし》
理念《りねん》 ヤンチャな生徒《せいと》と向《む》き合《あ》う

もしもライオンが教育実習《きょういくじっしゅう》をしたら……!?

2 履歴書《りれきしょ》

ライオン

経歴《けいれき》

アフリカ・ケニア出身《しゅっしん》

前職《ぜんしょく》 新卒《しんそつ》（四大卒《よんだいそつ》）日本史専攻《にほんしせんこう》

長所《ちょうしょ》 熱血漢《ねっけつかん》でラグビー経験《けいけん》あり

短所《たんしょ》 情《じょう》にもろく泣《な》き虫《むし》

志望動機《しぼうどうき》

御校《おんこう》の卒業生《そつぎょうせい》です。教師《きょうし》という仕事《しごと》に憧《あこが》れて、この度教育実習《たびきょういくじっしゅう》を志望《しぼう》しました。特《とく》に、自分自身《じぶんじしん》も経験《けいけん》してきた御校《おんこう》のラグビー教育《きょういく》を、教育者《きょういくしゃ》としてしっかり身《み》に着《つ》けたいと思《おも》っています。熱血《ねっけつ》タックルを通《とお》して、高校時代《こうこうじだい》に果《は》たせなかった、花園出場《はなぞのしゅつじょう》という夢《ゆめ》を、後輩《こうはい》たちに託《たく》したいと思《おも》っています。

3 採用《さいよう》テスト

教務主任《きょうむしゅにん》メッセージ

教育実習《きょういくじっしゅう》を終《お》えて
教務主任《きょうむしゅにん》からの通信欄《つうしんらん》

教育実習《きょういくじっしゅう》おつかれさまでした。流石《さすが》は本校《ほんこう》の卒業生《そつぎょうせい》、熱《あつ》い気持《きもち》ちで、生徒《せいと》と向《む》き合《あ》う姿《すがた》が印象的《いんしょうてき》でした。教育採用試験《きょういくさいようしけん》もがんばってください。

泣《な》き虫先生《むしせんせい》

もっと知《し》ろう

ライオンは、アフリカ～アジアに生息《せいそく》する大型《おおがた》ネコ科動物《かどうぶつ》。ネコ科《か》で唯一《ゆいいつ》、群《む》れを作《つく》る社会構造《しゃかいこうぞう》をもつ。オスは気性《きしょう》が荒《あら》く、ケンカが絶《た》えず、急所《きゅうしょ》の首《くび》を守《まも》るタテガミが発達《はったつ》。力《ちから》の差《さ》のある子《こ》どもなどと遊《あそ》ぶときに、力《ちから》をコントロールするセルフハンディキャッピングが行《おこな》える。

採《さい》用

保《ほ》育《いく》士《し》・幼《よう》稚《ち》園《えん》教《きょう》諭《ゆ》

1 お仕事《しごと》チェック！

仕事内容《しごとないよう》 幼稚園《ようちえん》では3歳《さい》から小学校就学前《しょうがっこうしゅうがくまえ》までの教育《きょういく》、保育園《ほいくえん》では乳児《にゅうじ》から小学校就学前《しょうがっこうしゅうがくまえ》までの保育《ほいく》を行《おこな》う。保育技術《ほいくぎじゅつ》や保健衛《ほけんえい》生《せい》の知識《ちしき》も求《もと》められる。●収入《しゅうにゅう》★ ●競争倍率《きょうそうばいりつ》★

保育士《ほいくし》

コウテイペンギン

こんな動物《どうぶつ》たちも活躍中《かつやくちゅう》！
コヤスガエル／マーモセット／フラミンゴなど

親《おや》が働《はたら》く間《あいだ》に 小《ちい》さな子《こ》どもたちを集《あつ》めて見守《みまも》る

子育《こそだ》てしていない大人《おとな》が子《こ》ども達《たち》の面倒《めんどう》をみる

就学前《しゅうがくまえ》の子《こ》どもを扱《あつか》うので、教育力《きょういくりょく》よりも健康《けんこう》を含《ふく》めた安《あん》全管理《ぜんかんり》や児童福祉《じどうふくし》の保育力《ほいくりょく》に重点《じゅうてん》が置《お》かれる仕事《しごと》です。

私《わたくし》どもコウテイペンギンは、世界一厳《せかいいちきび》しい南極《なんきょく》で子育《こそだ》てをしています。親御《おやご》さんが、食料調達《しょくりょうちょうたつ》に出《で》かけている間《あいだ》、保育園《ほいくえん》（クレイシ）で預《あず》かった子《こ》どもたちを守《まも》るための、保育制度《ほいくせいど》や、子《こ》どもの保健衛《ほけんえい》生《せい》には自信《じしん》と誇《ほこ》りがあります。責任感《せきにんかん》のある若手保育士《わかてほいくし》を募《ぼ》集《しゅう》いたします。

住所《じゅうしょ》 南極大陸《なんきょくたいりく》
理念《りねん》 のびやかな保育《ほいく》の実践《じっせん》と保護者《ほごしゃ》の信頼《しんらい》（園《えん》の方針《ほうしん》）

もしもコウテイペンギン(若手《わかて》)が就活《しゅうかつ》したら……!?

2 履歴書《りれきしょ》

コウテイペンギン(若手《わかて》)

経歴《けいれき》
南極出身《なんきょくしゅっしん》

前職《ぜんしょく》 新卒《しんそつ》(専門学校卒《せんもんがっこうそつ》)

長所《ちょうしょ》 子《こ》どもが大好《だいす》き

短所《たんしょ》 さびしがり屋《や》

志望動機《しぼうどうき》
私《わたし》もコウテイペンギンの保育園《ほいくえん》(クレイシ)の卒園生《そつえんせい》で、保育士《ほいくし》の先生《せんせい》に憧《あこが》れていました。今度《こんど》は自分《じぶん》が憧《あこが》れられるような先生《せんせい》になりたいと思《おも》います。

3 採用《さいよう》テスト

採用者《さいようしゃ》メッセージ

最初《さいしょ》に抱《いだ》いた志《こころざし》をいつまでも持《も》ち続《つづ》けて

待機児童問題《たいきじどうもんだい》もあって、保育《ほいく》現場《げんば》はいろいろと大変《たいへん》な状況《じょうきょう》です。即戦力《そくせんりょく》となることを期待《きたい》しています。初心《しょしん》を忘《わす》れずに子《こ》どもたちのためにがんばってください。

しばしのお別《わか》れ

! もっと知《し》ろう

コウテイペンギンは、南極大陸周辺《なんきょくたいりくしゅうへん》に生息《せいそく》。ペンギンの最大種《さいだいしゅ》。マイナス数十《すうじゅう》℃《ど》の氷原《ひょうげん》でオスが卵《たまご》を飲《の》まず食《く》わずで温《あたた》める。ヒナが少《すこ》し大《おお》きくなるとクレイシ(保育園《ほいくえん》)にあずけて親《おや》はエサをとりにいく。

採《さい》用

清《せい》掃《そう》業《ぎょう》

仕事内容《しごとないよう》 駅《えき》やオフィス、乗《の》り物《もの》の内部《ないぶ》などを掃除《そうじ》して、みんなが快適《かいてき》に過《す》ごせるようにする仕事《しごと》。普段《ふだん》から整理整頓《せいりせいとん》をするなど、きれい好《ず》きな人《ひと》が向《む》いている。●収入《しゅうにゅう》★ ●競争倍率《きょうそうばいりつ》★★

掃除《そうじ》を通《とお》して世《よ》の中《なか》の役《やく》に立《た》つ

縁《えん》の下《した》の力持《ちからも》ち

清掃員《せいそういん》
トラ

こんな動物《どうぶつ》たちも活躍中《かつやくちゅう》！
センザンコウ／ブタなど

1 お仕事《しごと》チェック！

いろいろな場所《ばしょ》をきれいにする仕事《しごと》

室内《しつない》や街《まち》など、生活《せいかつ》の場《ば》を清掃《せいそう》して美観《びかん》や衛生管理《えいせいかんり》を専門《せんもん》に請《う》け負《お》うお仕事《しごと》。高層《こうそう》ビルの窓《まど》、商業施設《しょうぎょうしせつ》、病院《びょういん》など特殊《とくしゅ》な清掃具《せいそうぐ》が必要《ひつよう》な場所《ばしょ》から、空調《くうちょう》・配管《はいかん》、道路《どうろ》、公園《こうえん》清掃《せいそう》などの専門業者《せんもんぎょうしゃ》、生活《せいかつ》ゴミの収集《しゅうしゅう》まで幅広《はばひろ》くある。

私《わたくし》どもトラは、きれい好《ず》きで、仕上《しあ》げにも徹底《てってい》してこだわり、ニオイも残《のこ》さず、舐《な》められるレベルにまでします。街をきれいにすることで、毎《まい》日達成感《にちたっせいかん》を抱《いだ》ける、この仕事《しごと》を一緒《いっしょ》にやりませんか？

住所《じゅうしょ》 東京都江東区《とうきょうとこうとうく》
理念《りねん》 毎日《まいにち》の美化《びか》で功徳《くどく》をつむ

もしもオランウータンが就活《しゅうかつ》したら……!?

2 履歴書《りれきしょ》

オランウータン

経歴《けいれき》

東南《とうなん》アジア・
ボルネオ島出身《とうしゅっしん》

前職《ぜんしょく》 廃品回収業《はいひんかいしゅうぎょう》

長所《ちょうしょ》 どんな仕事《しごと》も楽《たの》しんでできる

短所《たんしょ》 マイペース

誰《だれ》かの役《やく》に立《た》ちたいんです

志望動機《しぼうどうき》

きれいなものが好《す》きで、街全体《まちぜんたい》を自分《じぶん》の手《て》できれいにできたらステキだなと思《おも》い志望《しぼう》しました。いちど始《はじ》めたことは、途中《とちゅう》で投《な》げ出《だ》さずにがんばりたいと思《おも》います。

3 採用《さいよう》テスト

採用者《さいようしゃ》メッセージ

ホームレスと思《おも》われないきれいな格好《かっこう》を

とてもヤル気《き》が感《かん》じられ期待《きたい》しています。ただし、見《み》た目《め》が誤解《ごかい》を受《う》けそうなので、身《み》だしなみに気《き》をつけてください。インターンシップ後《ご》に本採用《ほんさいよう》とさせて頂《いただ》きます。

見《み》た目《め》も大切《たいせつ》

せっせ
せっせ
公園《こうえん》のゴミ拾《ひろ》い終《お》わりましたー!
あ、うん…ごくろうさま
う〜ん
もうちょっと清潔感《せいけつかん》のある身《み》なりできないかなあ…

! もっと知《し》ろう

トラは、アジアのジャングルに生息《せいそく》。ライオンと異《こと》なり単独《たんどく》で狩《か》りをするので、自分《じぶん》のニオイで獲物《えもの》に居場所《いばしょ》を悟《さと》られないようにきれい好《ず》きで無臭《むしゅう》。ネコ科《か》ではめずらしく水《みず》も好《この》む。

保《ほ》留《りゅう》

就職《しゅうしょく》に有利《ゆうり》な資格《しかく》

資格《しかく》は大《おお》きく3種類《しゅるい》あります。1 特殊《とくしゅ》な仕事《しごと》をする上《うえ》で就職《しゅうしょく》に必須《ひっす》な条件《じょうけん》のもの、2ライバルと差《さ》をつける実力《じつりょく》をアピールするもの、3 仕事《しごと》に関係《かんけい》なく個性《こせい》をアピールするためのもの、です。
就職《しゅうしょく》に有利《ゆうり》な資格《しかく》についての卒業生《そつぎょうせい》からのアドバイスを役立《やくだ》ててください。

就職課《しゅうしょくか》（キャリアセンター）より

農業《のうぎょう》の役《やく》には立《た》たないが……

農業《のうぎょう》 ハキリアリさん

実家《じっか》が農家《のうか》だったのですが、昔《むかし》から葉物《はもの》とキノコ専業《せんぎょう》だったので、自分《じぶん》の代《だい》で新《あたら》しいものにチャレンジしてみようと思《おも》い、野菜《やさい》ソムリエの資格《しかく》2を取得《しゅとく》しました。これをきっかけにソムリエの世界《せかい》にハマってしまい、ワインソムリエ3、温泉《おんせん》ソムリエ3も取得《しゅとく》しました。今《いま》のところ、こちらは農業《のうぎょう》には役立《やくだ》っていません。でも、心《こころ》は豊《ゆた》かになりました。→P24参照《さんしょう》

建設系資格《けんせつけいしかく》のおすすめはコレ

建設業《けんせつぎょう》 ビーバーさん

父親《ちちおや》も建設業《けんせつぎょう》だったので、自分《じぶん》も父親《ちちおや》みたいになりたいなぁと思《おも》って一級建築士《いっきゅうけんちくし》1を目指《めざ》せる大学《だいがく》に進学《しんがく》しました。父親《ちちおや》にすめられて不動産業《ふどうさんぎょう》もできるように、宅建《たっけん》（宅地建物取引士《たくちたてものとりひきし》）2も取得《しゅとく》しました。今《いま》は自宅《じたく》を増築《ぞうちく》して本格的《ほんかくてき》な暖房施設《だんぼうしせつ》も作《つく》りたいので、ボイラー技士《ぎし》3の資格《しかく》も取《と》りたいと思《おも》っています。→P40参照《さんしょう》

コミュニケーションに最適《さいてき》な趣味《しゅみ》の資格《しかく》！

プログラマー ダンゴムシさん

大学《だいがく》で各種《かくしゅ》プログラミング言語《げんご》を学《まな》び、その関《かん》連《れん》資格《しかく》❶もいくつか取得《しゅとく》しました。気分転換《きぶんてんかん》に囲《い》碁《ご》をはじめたら、これがハマってしまい、今《いま》では囲碁二段《いごにだん》❸の実力《じつりょく》となりました。就職先《しゅうしょくさき》の上司《じょうし》が、たまたま囲碁《いご》が好《す》きな方《かた》で、よく対戦《たいせん》しています。それまで私《わたし》は人《ひと》付《づ》き合《あ》いが苦手《にがて》でしたが、仕事《しごと》以《い》外《がい》のお付《つ》き合《あ》いができるきっかけとなって、とても良《よ》かったです。

↓P46参照《さんしょう》

調香師《ちょうこうし》のはずが、なぜかガソリンスタンドに……

ガソリンスタンド勤務《きんむ》 ミイデラゴミムシさん

私《わたし》は大学生《だいがくせい》の頃《ころ》から香《かお》りに興味《きょうみ》を持《も》ち始《はじ》めて、パフューマーになりたいと思《おも》っていました。臭気《しゅうき》判定士《はんていし》❷とか、アロマ系《けい》の資格《しかく》❷とか、いろいろな資格《しかく》があるみたいだけど、就活《しゅうかつ》のとき、特《とく》に資格《しかく》は持《も》っていませんでした。就職《しゅうしょく》の面接《めんせつ》で私《わたし》がお尻《しり》から出《だ》すニオイは危《あぶ》ないと言《い》われ不採用《ふさいよう》だったので、その後《ご》、危険物取扱者《きけんぶつとりあつかいしゃ》❷の資格《しかく》を取得《しゅとく》しました。その縁《えん》から、今《いま》はガソリンスタンドで働《はたら》いています。資格《しかく》はとりましたが、ガソリンなど可燃物《かねんぶつ》を扱《あつか》うので、自分《じぶん》でもいつ爆発《ばくはつ》させてしまうか慣《な》れるまで不安《ふあん》です。同《おな》じような過《あやま》ちはくり返《かえ》さないようにしたいです。

↓P66参照《さんしょう》

海《うみ》と空《そら》のカメラマンにスキルUP《アップ》

カメラマン デメニギスさん

カメラマンになるための資格《しかく》は特《とく》にありませんが、もともと水《すい》中《ちゅう》カメラマンに興味《きょうみ》があったので、個人的《こじんてき》に潜水士《せんすいし》の資格《しかく》❷と2級《きゅう》小《こ》

型船舶《かたせんぱく》の免許《めんきょ》❷は持《も》っていました。今《いま》は、空撮《くうさつ》に興味《きょうみ》があるので、ドローン操縦士《そうじゅうし》の資格《しかく》❷取得《しゅとく》を考《かんが》えています。撮影《さつえい》の世界《せかい》も次々《つぎつぎ》に新《あたら》しいテクノロジーが出《で》てくるので大変《たいへん》ですが、一方《いっぽう》で私《わたし》は新《あたら》しもの好《ず》きなので楽《たの》しみでもあります。

→P82参照《さんしょう》

警察官《けいさつかん》に役立《やくだ》つ資格《しかく》です

警察官《けいさつかん》　チワワさん

私《わたし》は警察官《けいさつかん》の仕《し》事《ごと》に憧《あこが》れて公務《こうむ》員試験《いんしけん》❶を受《う》けて採用《さいよう》になりました。将来《しょうらい》の幹部候補《かんぶこうほ》になりたかったので、どうすれば仲間《なかま》が命令《めいれい》をきくようになるのか理解《りかい》したくて、犬訓練士《いぬくんれんし》の資格《しかく》❷も取《と》っておきました。また事件《じけん》で探索《たんさく》をするときの嗅覚《きゅうかく》を磨《みが》くために、アロマテラピーの資格《しかく》❸を取《と》っておくといいと、サークルの先輩《せんぱい》が言《い》っていたので取得《しゅとく》しましたが、実際《じっさい》には就職《しゅうしょく》には役立《やくだ》ちませんでした。結果《けっか》、寝《ね》る前《まえ》にフローラルのエッセンシャルオイルを使《つか》い心身《しんしん》の癒《い》やしに役《やく》立《だ》てています。

ちなみに、警察官《けいさつかん》は、階級《かいきゅう》を上《あ》げる（出世《しゅっせ》する）には、昇任試験《しょうにんしけん》を受《う》ける必要《ひつよう》があります。警察官《けいさつかん》になってからも、勉強《べんきょう》が続《つづ》くんですねぇ。出世《しゅっせ》に興味《きょうみ》のない先輩《せんぱい》もいますけどね。

→P116参照《さんしょう》

保育士《ほいくし》ならピアノと歌《うた》は欠《か》かせません

保育士《ほいくし》　コウテイペンギンさん

私《わたし》は学校《がっこう》で保育《ほいく》士《し》資格《しかく》❶を取得《しゅとく》しました。現場《げんば》では歌《うた》やピアノの技能《ぎのう》も必要《ひつよう》ですが、私《わたし》はダミ声《ごえ》で音痴《おんち》でした。子《こ》どもたちとの歌《うた》の時間《じかん》を少《すこ》しでも良《よ》いものにしたいと思《おも》い、ヤマハ音楽能力検定《おんがくのうりょくけんてい》6級《きゅう》❷を取得《しゅとく》しておきました。今《いま》は『ペンギンと雪《ゆき》の女王《じょおう》』をピアノで弾《ひ》き語《がた》りでき、ありのままの保育士《ほいくし》でいられて、すこ～しも寒《さむ》くないわ♪

→P128参照《さんしょう》

第《だい》7章《しょう》
自然《しぜん》や科学《かがく》・生物《せいぶつ》にまつわる仕事《しごと》

ANIMAL Profession CATALOG

アクティブ・レンジャー（自然保護官補佐《しぜんほごかんほさ》）

1 お仕事《しごと》チェック！

仕事内容《しごとないよう》 環境省《かんきょうしょう》の職員《しょくいん》である自然保護官《しぜんほごかん》の補佐《ほさ》で、非常勤《ひじょうきん》の国《こっ》家公務員《かこうむいん》。国立公園《こくりつこうえん》や鳥獣保護区《ちょうじゅうほごく》などの自然保護地域《しぜんほごちいき》のパトロールや希少野生生物《きしょうやせいせいぶつ》の調査《ちょうさ》などを行《おこな》う。●収入《しゅうにゅう》★ ●競争倍率《きょうそうばいりつ》★★

自然《しぜん》の中《なか》を見回《みまわ》り 違反者《いはんしゃ》がいないか 細《こま》かくチェックする

アクティブ・レンジャー

カラス

こんな動物《どうぶつ》たちも活躍中《かつやくちゅう》！
アナグマ／キツネ／カケス など

国立公園《こくりつこうえん》を巡回《じゅんかい》して 調査《ちょうさ》や保全活動《ほぜんかつどう》を行《おこな》う

自然環境《しぜんかんきょう》の調査《ちょうさ》・保全活動《ほぜんかつどう》をするとともに、観光利用状況《かんこうりようじょうきょう》を確認《かくにん》するための巡回《じゅんかい》や、訪《おとず》れた方《かた》に自然《しぜん》を解説《かいせつ》・指導《しどう》する環境教育《かんきょうきょういく》などを行《おこな》います。

私《わたくし》どもカラスは、アクティブ・レンジャーとして、あらゆる自然環境《しぜんかんきょう》に精通《せいつう》。生息《せいそく》する動植物《どうしょくぶつ》から観光客《かんこうきゃく》の行動《こうどう》まで、すべて把握《はあく》して、何《なに》かあったときに柔軟《じゅうなん》に対応《たいおう》しています。日本《にほん》の自然《しぜん》の魅力《みりょく》を発見《はっけん》し、その素晴《すば》らしさを多《おお》くの人《ひと》に伝《つた》える、この仕事《しごと》に興味《きょうみ》を持《も》った方《かた》は、ぜひご一報《いっぽう》ください。

住所《じゅうしょ》 富士箱根伊豆国立公園《ふじはこねいずこくりつこうえん》（配属先《はいぞくさき》）
理念《りねん》 自然《しぜん》を守《まも》り、伝《つた》える

もしもツキノワグマが就活《しゅうかつ》したら……!?

2 履歴書《りれきしょ》

ツキノワグマ

森《もり》を案内《あんない》するのが得意《とくい》です

経歴《けいれき》
長《なが》野《の》県《けん》軽《かる》井《い》沢《ざわ》町《まち》出身《しゅっしん》

前職《ぜんしょく》 しいたけ栽培《さいばい》

長所《ちょうしょ》 森《もり》を長時間《ちょうじかん》歩《ある》くことが苦《く》ではない

短所《たんしょ》 冬《ふゆ》はなんか眠《ねむ》くなる

志望動機《しぼうどうき》
小《ちい》さい頃《ころ》から日本《にほん》の自然《しぜん》が好《す》きで、特《とく》に季節《きせつ》によって木々《きぎ》の色《いろ》や森《もり》のニオイが移《うつ》り変《か》わる瞬間《しゅんかん》には、いつも感動《かんどう》を覚《おぼ》えます。多《おお》くの人《ひと》に自然《しぜん》の素晴《すば》らしさを理解《りかい》してもらいたいと思《おも》い、志望《しぼう》しました。

3 採用《さいよう》テスト

採用者《さいようしゃ》メッセージ

登山者《とざんしゃ》があなたを見《み》るとみな怖《こわ》がって逃《に》げます

知識《ちしき》や経験《けいけん》は申《もう》し分《ぶん》ないのですが、貴殿《きでん》を目撃《もくげき》すると、みな逃《に》げ出《だ》してしまうようなので、今回《こんかい》は採用《さいよう》を見送《みおく》らせて頂《いただ》きました。→ツキノワグマさんにおすすめの仕事《しごと》は「調理《ちょうり》師《し》」（P30）

! もっと知《し》ろう

カラスは、鳥類《ちょうるい》のスズメ目《もく》では最《さい》大《だい》の鳥《とり》。もともとは森《もり》や高山《こうざん》にいる鳥《とり》だが、知能《ちのう》が高《たか》いので、人間《にんげん》が住《す》む都会《とかい》をも生息域《せいそくいき》として使《つか》いこなす。特《とく》に観察力《かんさつりょく》に優《すぐ》れ、情報《じょうほう》を整理《せいり》したり、それを応用《おうよう》したりする力《ちから》もある。

不採用《ふさいよう》

クマ出没《しゅつぼつ》!?

科学者《かがくしゃ》・数学者《すうがくしゃ》

仕事内容《しごとないよう》 科学者《かがくしゃ》は、様々《さまざま》な未知《みち》の問題《もんだい》を解《と》いて論文《ろんぶん》にまとめて、学会《がっかい》で発表《はっぴょう》。それらを応用《おうよう》することで新《あたら》しい技術《ぎじゅつ》が生《う》まれ、世《よ》の中《なか》に様々《さまざま》な影響《えいきょう》をおよぼせる。●収入《しゅうにゅう》★★ ●競争倍率《きょうそうばいりつ》★★

この数式《すうしき》は、美《うつく》しい！
dt=a-Ypt
st=b+*tβp+εt
st=dt

未知《みち》の数式《すうしき》を解明《かいめい》し それを応用《おうよう》することで 世《よ》の中《なか》に役立《やくだ》てる

数学者《すうがくしゃ》

コガネグモ

こんな動物《どうぶつ》たちも活躍中《かつやくちゅう》！
カレドニアガラス／ヤマガラ／イシダイなど

1 お仕事《しごと》チェック！

高度《こうど》な計算《けいさん》のもとに丈夫《じょうぶ》なクモの巣《す》をつくる

解析幾何学《かいせききかがく》は、科学《かがく》の中《なか》でも、特《とく》に数学《すうがく》を専門《せんもん》に扱《あつか》います。我々《われわれ》の暮《く》らす世界《せかい》だけでなく、次元《じげん》を超《こ》えたあらゆる事《こと》がらや現象《げんしょう》を、数字《すうじ》で表現《ひょうげん》して公式《こうしき》を導《みちび》き出《だ》したり、証《しょう》明《めい》しようと試《こころ》みたりする究極《きゅうきょく》の学問《がくもん》です。

私《わたし》、コガネグモは、生物界《せいぶつかい》の数学者《すうがくしゃ》とも呼《よ》ばれます。クモの巣《す》を形《かたち》づくる対数螺旋《たいすうらせん》の極座標《きょくざひょう》において、面積《めんせき》、曲線《きょくせん》の長《なが》さを求《もと》める方法論《ほうほうろん》を導《みちび》きだすために、大学院生《だいがくいんせい》のアシスタントを公募《こうぼ》します。

住所《じゅうしょ》 昆虫理科大学理学部数学科《こんちゅうりかだいがくりがくぶすうがくか》クモ研究室《けんきゅうしつ》
理念《りねん》 「解析幾何学《かいせききかがく》」を社会《しゃかい》のために！

もしもコガタコガネグモが就活《しゅうかつ》したら……!?

2 履歴書《りれきしょ》

コガタコガネグモ

より強《つよ》く
より効果的《こうかてき》に

経歴《けいれき》

日本出身《にほんしゅっしん》

前職《ぜんしょく》 職歴無《しょくれきな》し（私立《しりつ》ファーブル大《だい》学大学院数学研究科卒《がくだいがくいんすうがくけんきゅうかそつ》）

長所《ちょうしょ》 3次元的《じげんてき》に物事《ものごと》をとらえる

短所《たんしょ》 女性《じょせい》が怖《こわ》く、苦手《にがて》

志望動機《しぼうどうき》

美《うつく》しいクモの巣《す》をつくることに興味《きょうみ》を持《も》っています。コガネグモ先生《せんせい》の論文《ろんぶん》は、私《わたし》が中学生《ちゅうがくせい》のときにすべて読《よ》み、感銘《かんめい》を受《う》けました。さらに先生《せんせい》の理論《りろん》を深《ふか》く学《まな》びたいと思《おも》い志望《しぼう》しました。

3 採用《さいよう》テスト

採用者《さいようしゃ》メッセージ

クモの巣《す》の構造《こうぞう》を一緒《いっしょ》に解明《かいめい》しましょう!

あなたの論文《ろんぶん》を大変興味深《たいへんきょうみぶか》く、読《よ》ませていただきました。クモの巣《す》のバッテンの白帯《しろおび》の効果《こうか》については、ぜひ議論《ぎろん》したいと思《おも》っています。来月《らいげつ》の国際《こくさい》学会《がっかい》の発表《はっぴょう》に同行《どうこう》してください。

高度《こうど》な計算《けいさん》の末《すえ》に…

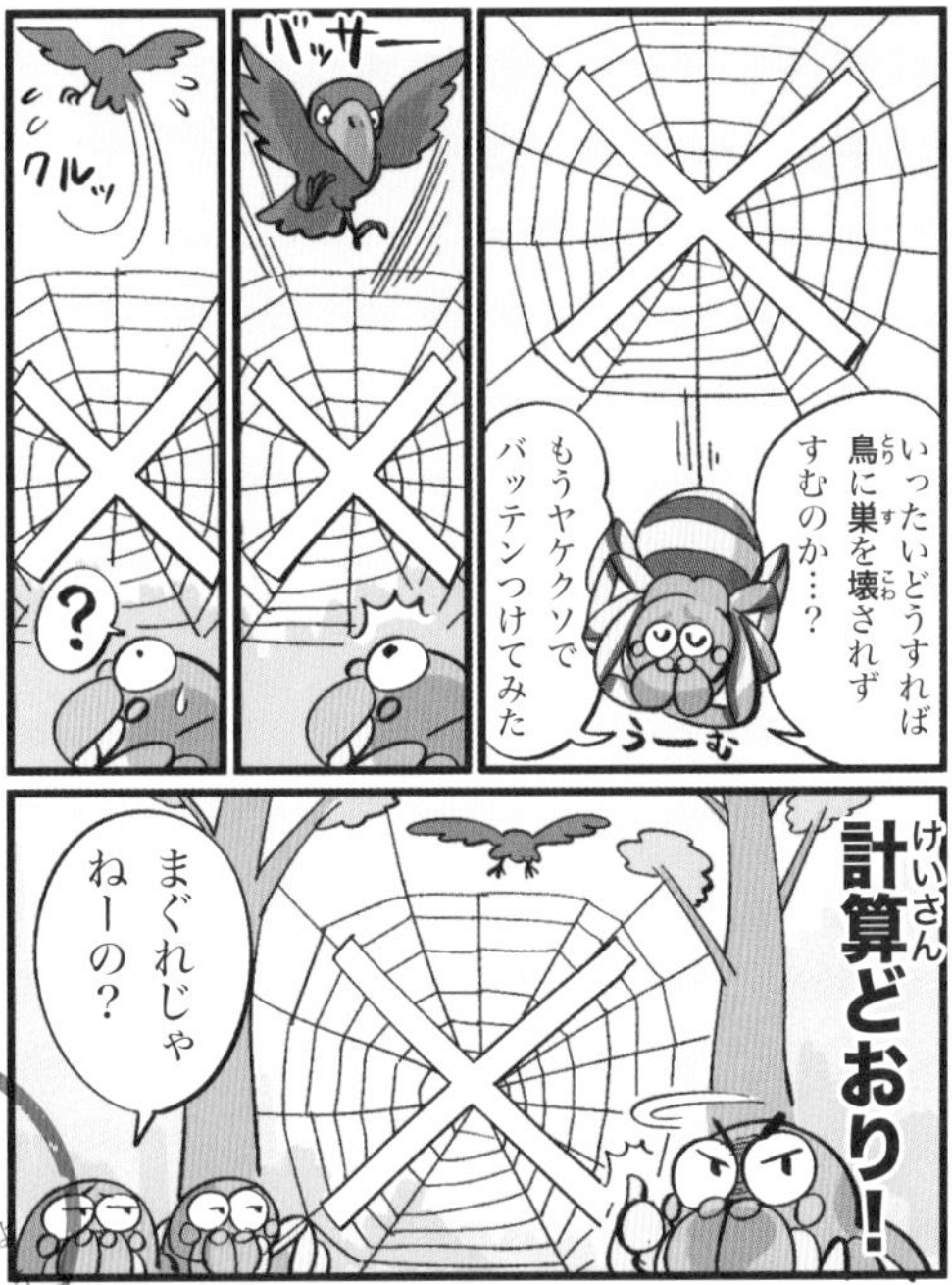
いったいどうすれば鳥《とり》に巣《す》を壊《こわ》されずすむのか…?
もうヤケクソでバッテンつけてみた
うーむ
バッサー
クルッ
?
計算《けいさん》どおり!
まぐれじゃねーの?

ⓘ もっと知《し》ろう

コガネグモは、日本《にほん》の他東《ほかひがし》アジアにも分布《ぶんぷ》。円形《えんけい》の網《あみ》を張《は》る造網性《ぞうもうせい》のクモの代表《だいひょう》グループ。オスはメスの1/5サイズと小《ちい》さい。人間《にんげん》が網《あみ》の形《かたち》を数学的《すうがくてき》に表《あらわ》そうとすると高度《こうど》な計算《けいさん》を要《よう》する。

採《さい》用

仕事内容《しごとないよう》 建物《たてもの》をつくるとき、土地《とち》の地質調査《ちしつちょうさ》を行《おこな》うのが、地質調査員《ちしつちょうさいん》の仕事《しごと》。地質調査技士《ちしつちょうさぎし》の資格《しかく》をとると、現場《げんば》で活躍《かつやく》することができる。●収入《しゅうにゅう》★★ ●競争倍率《きょうそうばいりつ》★★

地質調査員《ちしつちょうさいん》

住宅《じゅうたく》を建《た》てられるか地質調査《ちしつちょうさ》をする

土地《とち》のお医者《いしゃ》さん

地質調査員《ちしつちょうさいん》

ツチブタ

こんな動物《どうぶつ》たちも活躍中《かつやくちゅう》！
モグラ／ミーアキャット／ハダカデバネズミなど

1 お仕事《しごと》チェック！

強度《きょうど》が足《た》りなければ地盤改良工事《じばんかいりょうこうじ》をする

土木構造物《どぼくこうぞうぶつ》を建《た》てる際《さい》、その土地《とち》を調査《ちょうさ》し、地盤沈下《じばんちんか》や地滑《じすべ》りなどが起《お》こらないか安全確認《あんぜんかくにん》をする仕事《しごと》。土石流《どせきりゅう》などの防災《ぼうさい》の専門知識《せんもんちしき》も持《も》っています。

土木工学《どぼくこうがく》のスペシャリストである地質調査員《ちしつちょうさいん》の、私《わたくし》どもツチブタは、シャベルのような大《おお》きな爪《つめ》と、重機《じゅうき》のようなパワーで、夜間《やかん》、ガンガン土《つち》を掘削《くっさく》することができます。

一緒《いっしょ》に働《はたら》いてくれる職員《しょくいん》を募集《ぼしゅう》。土木工学科卒《どぼくこうがくかそつ》の方《かた》優遇《ゆうぐう》！ 未経験者《みけいけんしゃ》は簡単補助作業《かんたんほじょさぎょう》から。女子《じょし》も大歓迎《だいかんげい》です！

住所《じゅうしょ》 東京都北区《とうきょうときたく》
理念《りねん》 地球《ちきゅう》を掘《ほ》りまくれ！

もしもインドハナガエルが就活《しゅうかつ》したら……!?

2 履歴書《りれきしょ》

インドハナガエル

経歴《けいれき》

インド・
西《にし》ガーツ山脈出身《さんみゃくしゅっしん》

前職《ぜんしょく》 新卒《しんそつ》（四大卒《よんだいそつ》）

長所《ちょうしょ》 地下《ちか》で長時間仕事《ちょうじかんしごと》ができる

短所《たんしょ》 引《ひ》きこもり

志望動機《しぼうどうき》

地下深《ちかふか》い土《つち》の中《なか》が好《す》きで、1年間《ねんかん》で2週間《しゅうかん》しか地上《ちじょう》に出《で》ません。土木工学《どぼくこうがく》を修《おさ》めているので、土質《どしつ》や岩盤《がんばん》、水脈《すいみゃく》の調《しら》べ方《かた》には精通《せいつう》しています。専門性《せんもんせい》を活《い》かした仕事《しごと》をしたいと思《おも》い志望《しぼう》しました。

3 採用《さいよう》テスト

採用者《さいようしゃ》メッセージ

土中生活《どちゅうせいかつ》で得《え》た地質《ちしつ》の知識《ちしき》を活《い》かして

貴殿《きでん》は、地質調査《ちしつちょうさ》では名門《めいもん》の出《で》なので、本社《ほんしゃ》の調査部《ちょうさぶ》への配属《はいぞく》を検討《けんとう》しています。これまでの土中生活《どちゅうせいかつ》で得《え》て来《き》た経験《けいけん》を活《い》かし、現場《げんば》で活躍《かつやく》することを期待《きたい》しています。

建設予定地《けんせつよていち》を調査中《ちょうさちゅう》

! もっと知《し》ろう

ツチブタは、アフリカのサバンナに生息《せいそく》する原始的《げんしてき》な蹄《ひづめ》をもつ珍獣《ちんじゅう》。管歯目《かんしもく》というグループにはツチブタ以外《いがい》今《いま》は存在《そんざい》しない。夜行性《やこうせい》でシロアリが主食《しゅしょく》。大《おお》きなからだだが、土《つち》を掘《ほ》るスピードは高速《こうそく》。

気《き》象《しょう》予《よ》報《ほう》士《し》

仕事内容《しごとないよう》 天気《てんき》の予報《よほう》が仕事《しごと》。自然《しぜん》を相手《あいて》にする漁業《ぎょぎょう》や農業《のうぎょう》を始《はじ》め、様々《さまざま》な仕事《しごと》に影響《えいきょう》を与《あた》える。マスメディアの他《ほか》、民間企業《みんかんきぎょう》でも活躍《かつやく》できる。●収入《しゅうにゅう》★★ ●競争倍率《きょうそうばいりつ》★★

天気《てんき》の予報《よほう》や災害《さいがい》への警戒《けいかい》を促《うなが》し社会《しゃかい》の役《やく》に立《た》つ

気象予報士《きしょうよほうし》

アマガエル

こんな動物《どうぶつ》たちも活躍中《かつやくちゅう》!
ネコ/ツバメ/クモなど

1 お仕事《しごと》チェック!

社会《しゃかい》にかかせない天気予報《てんきよほう》を発信《はっしん》

気象庁《きしょうちょう》から提供《ていきょう》される各地《かくち》の様々《さまざま》な気象《きしょう》に関《かん》するデータをもとに、天気《てんき》、気温《きおん》、降水《こうすい》確率《かくりつ》などを予想《よそう》。市民《しみん》の生活《せいかつ》だけでなく、農業《のうぎょう》・漁業《ぎょぎょう》、レジャーなどの経済《けいざい》、はたまた軍事《ぐんじ》にかかわるものまで、気《き》象予報《しょうよほう》には幅広《はばひろ》い用途《ようと》があります。

私《わたくし》アマガエルは、気象予《きしょうよ》報士事務所《ほうしじむしょ》を立《た》ち上《あ》げ、様々《さまざま》なメディアに気象予報士《きしょうよほうし》を派《は》遣《けん》、業界《ぎょうかい》シェア№《ナンバー》1です。朝《あさ》のテレビ番組《ばんぐみ》の天気予報《てんきよほう》スタッフを募集《ぼしゅう》します。

住所《じゅうしょ》 東京都渋谷区《とうきょうとしぶやく》(派遣先《はけんさき》)
理念《りねん》 正《ただ》しく、わかりやすく、親《した》しみやすく

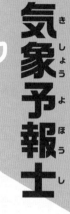

もしもサバクトビバッタが就活《しゅうかつ》したら……!?

2 履歴書《りれきしょ》

サバクトビバッタ

経歴《けいれき》
アフリカ・
エチオピア出身《しゅっしん》

前職《ぜんしょく》 農業《のうぎょう》（解雇《かいこ》された）

長所《ちょうしょ》 協調性《きょうちょうせい》あり

短所《たんしょ》 食《く》いしん坊《ぼう》だが、エサが乏《とぼ》しくなると仲間《なかま》で群《む》れて、姿《すがた》が変《か》わって狂暴《きょうぼう》になる

志望動機《しぼうどうき》
砂漠《さばく》など気象《きしょう》の変動《へんどう》が大《おお》きい場所《ばしょ》で育《そだ》ったので、雨季《うき》や乾季《かんき》などの準備《じゅんび》は誰《だれ》よりも早《はや》いです。素早《すばや》く気象《きしょう》を読《よ》み取《と》って、これまで日々《ひび》を生《い》き抜《ぬ》いてきました。この才《さい》能《のう》を活《い》かして、皆《みな》の役《やく》に立《た》ちたいと考《かんが》えています。

3 採用《さいよう》テスト

採用者《さいようしゃ》メッセージ

変異《へんい》しながらも
予報《よほう》を伝《つた》える姿《すがた》は立派《りっぱ》

世界各地《せかいかくち》に留学経験《りゅうがくけいけん》もあるようなので、その経験《けいけん》とあわせて、あなたの気象変動《きしょうへんどう》を読《よ》み解《と》く力《ちから》をぜひ、世《よ》の中《なか》に役立《やくだ》ててください。悪《わる》い噂《うわさ》も耳《みみ》にしますが、心《こころ》を入《い》れ替《か》えてがんばってください。

! もっと知《し》ろう

アマガエルは、日本《にほん》をはじめ東《ひがし》アジアに生息《せいそく》する小型《こがた》のカエル。田《た》んぼで見《み》かけるが、本来《ほんらい》は樹上生活《じゅじょうせいかつ》に適《てき》している。繁殖期以外《はんしょくきいがい》では、“雨鳴《あまな》き”といって雨《あめ》を早期《そうき》に感知《かんち》して鳴《な》く習性《しゅうせい》がある。

採用

悪魔《あくま》への変異《へんい》

仕事内容《しごとないよう》 山《やま》や海《うみ》、秘境《ひきょう》の地《ち》などを冒険《ぼうけん》し、その経験《けいけん》をエッセーや講演《こうえん》を通《とお》して知《し》らせる。冒険《ぼうけん》をサポートしてくれるスポンサー集《あつ》めも重要《じゅうよう》な仕事《しごと》。●収入《しゅうにゅう》★ ●競争倍率《きょうそうばいりつ》★★★

冒《ぼう》険《けん》家《か》

冒険家《ぼうけんか》
バイカルアザラシ
こんな動物《どうぶつ》たちも活躍中《かつやくちゅう》！
クジラ／キョクアジサシなど

何《なに》かに誘《さそ》われるように自然《しぜん》に挑《いど》み続《つづ》ける冒険家《ぼうけんか》の血筋《ちすじ》

1 お仕事《しごと》チェック！

常《つね》に死《し》と隣《とな》り合《あ》わせ その貴重《きちょう》な経験《けいけん》を伝《つた》える

世界各地《せかいかくち》の秘境《ひきょう》や未踏地帯《みとうちたい》を冒険《ぼうけん》し、未知《みち》の世界《せかい》を紹介《しょうかい》するのが仕事《しごと》です。

私《わたし》、バイカルアザラシは、ちょっと名《な》の知《し》れた冒険家《ぼうけんか》。私《わたし》の仲間《なかま》は、淡水《たんすい》の湖《みずうみ》で暮《く》らす引《ひ》きこもりと思《おも》われがちです。しかし、かつては他《ほか》のアザラシのように海《うみ》にいました。じゃあ、なぜ湖《みずうみ》にいるのか？　実《じつ》は冒険《ぼうけん》が過《す》ぎて、ご先祖《せんぞ》さまが湖《みずうみ》に迷《まよ》い込《こ》んでしまったようで……。そんな冒険家《ぼうけんか》の血筋《ちすじ》なんです。一《いっ》緒《しょ》に冒険《ぼうけん》してくれる、夢《ゆめ》と勇《ゆう》気《き》のある仲間《なかま》を募集《ぼしゅう》します。

住所《じゅうしょ》 ロシア・バイカル湖《こ》
理念《りねん》 まだ見《み》ぬ世界《せかい》へ！（座右《ざゆう》の銘《めい》）

もしもヒアリが就活《しゅうかつ》したら……!?

2 履歴書《りれきしょ》

ヒアリ

経歴《けいれき》

ブラジル出身《しゅっしん》

前職《ぜんしょく》 職歴《しょくれき》無《な》し

長所《ちょうしょ》 協調性《きょうちょうせい》があり、仲間思《なかまおも》い

短所《たんしょ》 少《すこ》し怒《おこ》りっぽい

志望動機《しぼうどうき》

私《わたし》はもともと南米出《なんべいしゅっ》身《しん》ですが、世界中《せかいじゅう》を旅《たび》することを夢見《ゆめみ》て、その機会《きかい》をうかがっています。仲間《なかま》と組体操《くみたいそう》のように合体《がったい》してイカダをつくり漂流《ひょうりゅう》するのも得意《とくい》で、常《つね》に新《あたら》しい世界《せかい》を求《もと》めて冒険心《ぼうけんしん》を燃《も》やしています。

3 採用《さいよう》テスト

遭難対策《そうなんたいさく》

採用者《さいようしゃ》メッセージ

今日《きょう》から君《きみ》たちは探検隊《たんけんたい》に仲間《なかま》入《い》り

仲間《なかま》と協力《きょうりょく》し、旅《たび》をする姿《すがた》に感動《かんどう》しました。私《わたし》より世界中《せかいじゅう》の秘境《ひきょう》を旅《たび》しているようで、心《こころ》強《づよ》いです。ぜひ、バイカルアザラシ探検隊《たんけんたい》に入隊《にゅうたい》してください。

もっと知《し》ろう

バイカルアザラシは、ロシアのバイカル湖《こ》に生息《せいそく》。世界《せかい》で唯一淡水《ゆいいつたんすい》で暮《く》らすアザラシ。なぜ海《うみ》のほ乳類《にゅうるい》が内陸《ないりく》の湖《みずうみ》で暮《く》らすようになったのかは謎《なぞ》。アザラシは好奇心旺盛《こうきしんおうせい》で、時々冒険心《ときどきぼうけんしん》のある個体《こたい》がいる。

採用

偉《い》業《ぎょう》をなした動《どう》物《ぶつ》たち

今回《こんかい》は、人間《にんげん》の世界《せかい》で偉業《いぎょう》をなした動物《どうぶつ》たちについて紹介《しょうかい》します。人間《にんげん》とのかかわりの中《なか》で、「宇宙飛行士《うちゅうひこうし》」「医師《いし》」「通訳《つうやく》」など、様々《さまざま》な仕事《しごと》を果《は》たし、偉業《いぎょう》をなした動物達《どうぶつたち》について、人《にん》間《げん》研究《けんきゅう》の第一人者《だいいちにんしゃ》であるチンパンジー教授《きょうじゅ》にご寄稿《きこう》いただきました。

就職課《しゅうしょくか》（キャリアセンター）より

チンパンジー教授《きょうじゅ》

「宇宙飛行士《うちゅうひこうし》」になって宇宙《うちゅう》を経験《けいけん》した動物《どうぶつ》たち

人類《じんるい》がロケットで宇宙《うちゅう》に行《い》く前《まえ》に、ソ連《れん》やアメリカが、イヌやネズミをテストパイロットとして搭乗《とうじょう》させていました。

１９５９年《ねん》アメリカのロケット＝ジュピターにアカゲザルのエイブルとリスザルのベイカーが搭乗《とうじょう》し、９分間《ふんかん》の無重力《むじゅうりょく》と大気圏突入《たいきけんとつにゅう》の38G《ジー》に耐《た》えて、人類《じんるい》よりも先《さき》に

1. 宇宙《うちゅう》に行《い》った動物《どうぶつ》たち

チンパンジー、ドブネズミ、ネコ、ロシアリクガメ、ニホンアマガエル、カエル（卵《たまご》）、イベリアトゲイモリ、アカハライモリ、ニワトリ（卵《たまご》）、ウズラ（卵《たまご》）、ゼブラフィッシュ、コイ、メダカ、ガマアンコウ、ソードテール、ショウジョウバエ、チーズバエ、ネムリユスリカ、ヤドリバチ、クマバチ、アリ、コクヌストモドキ、コオロギ、ゴキブリ、ミールワーム、ナナフシ（卵《たまご》）、マイマイガ（卵《たまご》）、カイコ、ヒメアカタテハ（幼虫《ようちゅう》）、オオカバマダラ（幼虫《ようちゅう》）、クモ、ブラインシュリンプ、カタツムリ、ウニ、クマムシ、バクテリア、アメーバ、線虫《せんちゅう》、植物《しょくぶつ》（豆《まめ》）、菌類《きんるい》なども

何《なに》かの動物《どうぶつ》にくっついて、俺《おれ》も行《い》っているよな宇宙《うちゅう》たぶんだけど…

初《はじ》めて宇宙旅行《うちゅうりょこう》をして生還《せいかん》した動《どう》物《ぶつ》となりました。その後《ご》の宇宙開《うちゅうかい》発実験《はつじっけん》で、様々《さまざま》な生《い》き物《もの》がロケットやスペースシャトルに乗《の》って宇《う》宙《ちゅう》に行《い》っています（カコミ1）。

私《わたし》たちの知《し》らない間《あいだ》に、多《おお》くの地球《ちきゅう》の動物《どうぶつ》たちが、すでに仕事《しごと》で宇宙旅行《うちゅうりょこう》を経験《けいけん》しているのです。

動物《どうぶつ》の「医師《いし》」となったポカポカのインカ犬《けん》

ペルーでは、体毛《たいもう》がほとんどない犬《いぬ》がおり、通称《つうしょう》インカ犬《けん》と呼《よ》ばれ、実用犬《じつようけん》として活躍《かつやく》していました。

インカ犬《けん》は、常《つね》に40℃《ど》前後《ぜんご》の熱《ねつ》があるため、夜間《やかん》の寒《さむ》さをしのぐために布団《ふとん》の中《なか》に入《い》れて温《あたた》めておいたり、抱《だ》いて寝《ね》たりすることで安眠《あんみん》や腹痛予防《ふくつうよぼう》につながりました。また、温湿布《おんしっぷ》として使《つか》われることもあり、病人《びょうにん》の患部《かんぶ》にこの犬《いぬ》をあてて温《あたた》めることで治療《ちりょう》につなげていたといいます。

風邪《かぜ》を予防《よぼう》したり、不眠症対策《ふみんしょうたいさく》になったり、患部《かんぶ》の治療《ちりょう》につかわれたりしていたインカ犬《けん》は、まさに動物《どうぶつ》の「医師《いし》」と呼《よ》べる存在《そんざい》です。

インカ帝国時代《ていこくじだい》よりも以前《いぜん》から、人間《にんげん》の生活《せいかつ》と共《とも》にあったと考《かんが》えられているインカ犬《けん》は、まさに〝生《い》きた世界遺産《せかいいさん》〟ともいえる貴重《きちょう》な犬《いぬ》なのです。

動物《どうぶつ》の心《こころ》を知《し》るために「通訳《つうやく》」になった動物《どうぶつ》たち

動物《どうぶつ》たちの中《なか》にも知能《ちのう》の高《たか》い者《もの》がたくさんいます。人間《にんげん》の知能《ちのう》と何《なに》が違《ちが》うのでしょうか？ 動物《どうぶつ》の心《こころ》はどうなっているのでしょうか？ そういった疑問《ぎもん》を科学的《かがくてき》に解明《かいめい》するために20世紀《せいき》から様々《さまざま》な研究《けんきゅう》や実験《じっけん》が行《おこな》われてきました。

中《なか》でもユニークなものが、動物《どうぶつ》に手話《しゅわ》やパソコンなどの使《つか》い方《かた》や、人間《にんげん》の言葉《ことば》を教《おし》えて、質問《しつもん》に答《こた》えてもらう、つまり、動物《どうぶつ》の考《かんが》えを人間《にんげん》の言葉《ことば》で通訳《つうやく》してもらう試《こころ》みです。

京都大学霊長類研究所《きょうとだいがくれいちょうるいけんきゅうじょ》のチンパンジーのアイ（♀）は、コンピューター画面《がめん》や積《つ》み木《き》などを使《つか》って、文字《もじ》、数《かず》、図形《ずけい》の学習《がくしゅう》を始《はじ》めて、ヒトと動物《どうぶつ》の学習《がくしゅう》の仕方《しかた》の違《ちが》いなど、数々《かずかず》の謎《なぞ》の答《こた》えを人間《にんげん》（研究者《けんきゅうしゃ》）に教《おし》えてくれました。自分《じぶん》が出産《しゅっさん》した子《こ》どもに学《まな》んだ知識《ちしき》を伝《つた》えるかなども注目《ちゅうもく》されました。

米国《べいこく》ジョージア州立大学言語研究《しゅうりつだいがくげんごけんきゅう》センターでは、ボノボのカンジ（♂）が、学習《がくしゅう》によって英単語《えいたんご》の意味《いみ》を1000語以上理解《ごいじょうりかい》し、タブレットや手話《しゅわ》を使《つか》って、研究者《けんきゅうしゃ》の質問《しつもん》への答《こた》えや自分《じぶん》の考《かんが》えを人間《にんげん》の言葉《ことば》で正確《せいかく》に伝《つた》えられただけでなく、ジョークも言《い》い、また自発的《じはつてき》に文字《もじ》を使《つか》うようにもなりました。

米国《べいこく》スタンフォード大学《だいがく》の発達心理学者《はったつしんりがくしゃ》に手話《しゅわ》を習《なら》ったゴリラのココ（♀）は、2000語以上《ごいじょう》を操《あやつ》り、人間《にんげん》との会話《かいわ》を楽《たの》しみ、ときにはウソやジョークを交《まじ》えて、自分《じぶん》の考《かんが》えや死生観《しせいかん》を人間《にんげん》のために翻訳《ほんやく》して手話《しゅわ》で伝《つた》えてくれました。

お札《さつ》に描《えが》かれた最高《さいこう》に「名誉《めいよ》な動物《どうぶつ》」たち

お札《さつ》に描《えが》かれるのは最高《さいこう》に名誉《めいよ》なこと。日本《にほん》では仕事《しごと》で偉業《いぎょう》をなした人《ひと》がお札《さつ》に描《えが》かれています。

熱帯《ねったい》のジャングルとヒマラヤの大自然《だいしぜん》を有《ゆう》するネパールのお札《さつ》には、アジアゾウやベンガルトラなど、すべて自国《じこく》が誇《ほこ》る貴重《きちょう》な野生動物《やせいどうぶつ》が描《えが》かれます（カコミ2）。

その他《ほか》にも、ニュージーランド、デンマーク、カナダ、ブラジル、スリナム、南《みなみ》アフリカ、ナミビアなども、動物《どうぶつ》が主役《しゅやく》のお札《さつ》のデザイン。希少動物《きしょうどうぶつ》や固有種《こゆうしゅ》が多《おお》い国《くに》では、紙幣《しへい》に人物《じんぶつ》ではなく、動物《どうぶつ》が主役《しゅやく》で描《えが》かれています。

ちなみに日本《にほん》のお札《さつ》には、ネズミ、イノシシ、ウマ、ニワトリ、ハト、ライオン、タンチョウ、キジ、そして想像上《そうぞうじょう》の鳥《とり》・鳳凰《ほうおう》がこれまで登場《とうじょう》してきました。

2. ネパールのお金《かね》

アジアゾウ……1000ルピー札《さつ》
ベンガルトラ……500ルピー札《さつ》
インドサイ……100ルピー札《さつ》
ヒマラヤタール……50ルピー札《さつ》
ニジキジ……50ルピー札《さつ》
ブラックバック……10ルピー札《さつ》
ヤク……5ルピー札《さつ》
ヤマジャコウジカ……1ルピー札《さつ》

第《だい》8章《しょう》
サービス・サポートする仕事《しごと》

仕事内容《しごとないよう》 お客様《きゃくさま》を泊《と》めるホテル業《ぎょう》には、フロント、ドアマン、コンシェルジュ、ハウスキーピングなど、様々《さまざま》な業務《ぎょうむ》がある。それぞれ専門《せんもん》の技能《ぎのう》が必要《ひつよう》。●収入《しゅうにゅう》★ ●競争倍率《きょうそうばいりつ》★★

HOTEL

ホテル業《ぎょう》

レストランを
2名様《めいさま》で予約《よやく》して
おきました

お客様《きゃくさま》の要望《ようぼう》に120%《パーセント》で応《こた》える最高《さいこう》のおもてなしを

コンシェルジュ

オオアルマジロ

こんな動物《どうぶつ》たちも活躍中《かつやくちゅう》！
アブラコウモリ／テントウムシ／リュウキュウアサギマダラなど

1 お仕事《しごと》チェック！

自分《じぶん》の巣《す》（ホテル）を他《ほか》の動物《どうぶつ》たちに提供《ていきょう》する

ホテル業《ぎょう》は、旅《たび》の安心《あんしん》と満《まん》足《ぞく》を提供《ていきょう》する仕事《しごと》。思《おも》いやりと温《あたた》かさが求《もと》められます。

私《わたし》たち、オオアルマジロは、争《あらそ》い事《ごと》を嫌《きら》い、和《わ》を尊《とうと》びます。土中《どちゅう》に大《おお》きな穴《あな》を掘《ほ》り巣《す》をつくると、そこを数十種類《すうじっしゅるい》の他《ほか》の野生動物《やせいどうぶつ》たちがホテルとして利用《りよう》し、我々《われわれ》は寛容《かんよう》に受《う》け入《い》れます。

この度《たび》、アフリカに、私《わたくし》どもの新《あたら》しいホテルの建設《けんせつ》を予定《よてい》しています。働《はたら》いていただける支配人《しはいにん》やスタッフを募《ぼ》集《しゅう》します！

住所《じゅうしょ》 南米《なんべい》・アルゼンチン本館《ほんかん》
理念《りねん》 宿泊客《しゅくはくきゃく》１２０％《パーセント》の満足度《まんぞくど》！

もしもミーアキャットが就活《しゅうかつ》したら……!?

2 履歴書《りれきしょ》

ミーアキャット

家族《かぞく》で運営《うんえい》したいです

経歴《けいれき》
アフリカ・ナミビア出身《しゅっしん》

前職《ぜんしょく》 託児所《たくじしょ》

長所《ちょうしょ》 面倒見《めんどうみ》が良《よ》い

短所《たんしょ》 こわがり

志望動機《しぼうどうき》
巣穴《すあな》の管理《かんり》・清掃《せいそう》が得意《とくい》で、大家族《だいかぞく》で育《そだ》ったので、誰《だれ》かの世話《せわ》をすることに喜《よろこ》びを感《かん》じています。好奇心旺盛《こうきしんおうせい》なので、新《あら》たな仕事《しごと》への意気込《いきご》みはたっぷりです。ただ、こわがりなので、初《はじ》めての動物《どうぶつ》には、警戒《けいかい》してしまうかもしれません。

3 採用《さいよう》テスト

不機嫌《ふきげん》なホテル

FRONT
え～…泊《と》まるんですか?
えっ
ここ、ホテルだよね!?
食事《しょくじ》はどうされます?
え～と、なにがありますか?
なにもないです
じゃあなんで聞《き》いたの?
じーーーっ…
ベッドこわすなよ…
おちつかないな～このホテル…

採用者《さいようしゃ》メッセージ

初《はじ》めてのお客様《きゃくさま》にもフレンドリーに!

とても仕事《しごと》が丁寧《ていねい》で、いつも周囲《しゅうい》に気《き》を配《くば》っているところは良《よ》いと思《おも》います。ただし、初《はじ》めてのお客様《きゃくさま》から「じっと見《み》られて、落《お》ち着《つ》かない」と苦情《くじょう》が来《き》ていますので、改善《かいぜん》していきましょう。

もっと知《し》ろう

オオアルマジロは、南米《なんべい》のアマゾン川周辺《がわしゅうへん》のサバンナに生息《せいそく》。アルマジロで最大種《さいだいしゅ》。ボールのようにきれいな球状《きゅうじょう》にはなれない。大《おお》きな巣穴《すあな》には、周辺《しゅうへん》の多《おお》くの他《ほか》の野生動物《やせいどうぶつ》が入《はい》り込《こ》んで居候《いそうろう》している。

保留《ほりゅう》

マッサージ師《し》・エステティシャン

1 お仕事《しごと》チェック！

仕事内容《しごとないよう》 マッサージ師《し》は、もんだり、押《お》したりして、血行《けっこう》を促進《そくしん》させてからだをほぐす。エステティシャンは、オイルマッサージなどの施術《しじゅつ》で美《び》を追求《ついきゅう》する。●収入《しゅうにゅう》★ ●競争倍率《きょうそうばいりつ》★★

お客《きゃく》さんのからだをもみほぐし

つかれやコリをとる

マッサージ師《し》

マヌルネコ

こんな動物《どうぶつ》たちも活躍中《かつやくちゅう》！

サーバル／イルカなど

極上《ごくじょう》の癒《い》やしをもたらすゴッドハンドのいるお店《みせ》

あんま、マッサージ、指圧《しあつ》などで、コリの解消《かいしょう》や病後《びょうご》のリハビリなどを行《おこな》う仕事《しごと》。機《き》械《かい》や、はり・灸術《きゅうじゅつ》などを併用《へいよう》することもあり、近年《きんねん》はスポーツ科学《かがく》の療法《りょうほう》にも利用《りよう》されています。

ネコは、マッサージが得意《とくい》ですが、中《なか》でも私《わたし》は、ゴッドハンドと呼《よ》ばれる腕前《うでまえ》です。柔《やわ》らかい肉球《にくきゅう》と広《ひろ》げることができる手《て》のひらを使《つか》って、眠《ねむ》気《け》を誘《さそ》うような極上《ごくじょう》のマッサージを提供《ていきょう》。美容効果《びようこうか》も高《たか》いと評判《ひょうばん》です。

住所《じゅうしょ》 インド・カシミール地方《ちほう》（本店《ほんてん》）

理念《りねん》 指圧《しあつ》の心《こころ》は母心《ははごころ》

もしもカスザメが就活《しゅうかつ》したら……!?

2 履歴書《りれきしょ》

カスザメ

あかすりには自信《じしん》があります

経歴《けいれき》
台湾出身《たいわんしゅっしん》

前職《ぜんしょく》 あかすりエステ
長所《ちょうしょ》 温和《おんわ》な性格《せいかく》
短所《たんしょ》 出不精《でぶしょう》

志望動機《しぼうどうき》
私《わたし》の肌《はだ》はおろし金《がね》に使《つか》われているほどザラザラで、あかすりが大《だい》の得意《とくい》。激《はげ》しく磨《みが》き上《あ》げることに誇《ほこ》りを持《も》っており、その技術《ぎじゅつ》を活《い》かせると思《おも》います。マッサージは経験《けいけん》がありませんが、ゴッドハンドのお店《みせ》で、技術《ぎじゅつ》を身《み》につけたいと思《おも》っています。

3 採用《さいよう》テスト

採用者《さいようしゃ》メッセージ

あかすりサービスをぜひ提供《ていきょう》してください

あなたを、心《こころ》より歓迎《かんげい》します。マッサージ技術《ぎじゅつ》は、入社後《にゅうしゃご》に、ぜひ身《み》につけてください。誠心《せいしん》誠意《せいい》教《おし》えます。他店《たてん》にないあかすりサービスの提供《ていきょう》にも期《き》待《たい》しています。

使《つか》い方《かた》いろいろ

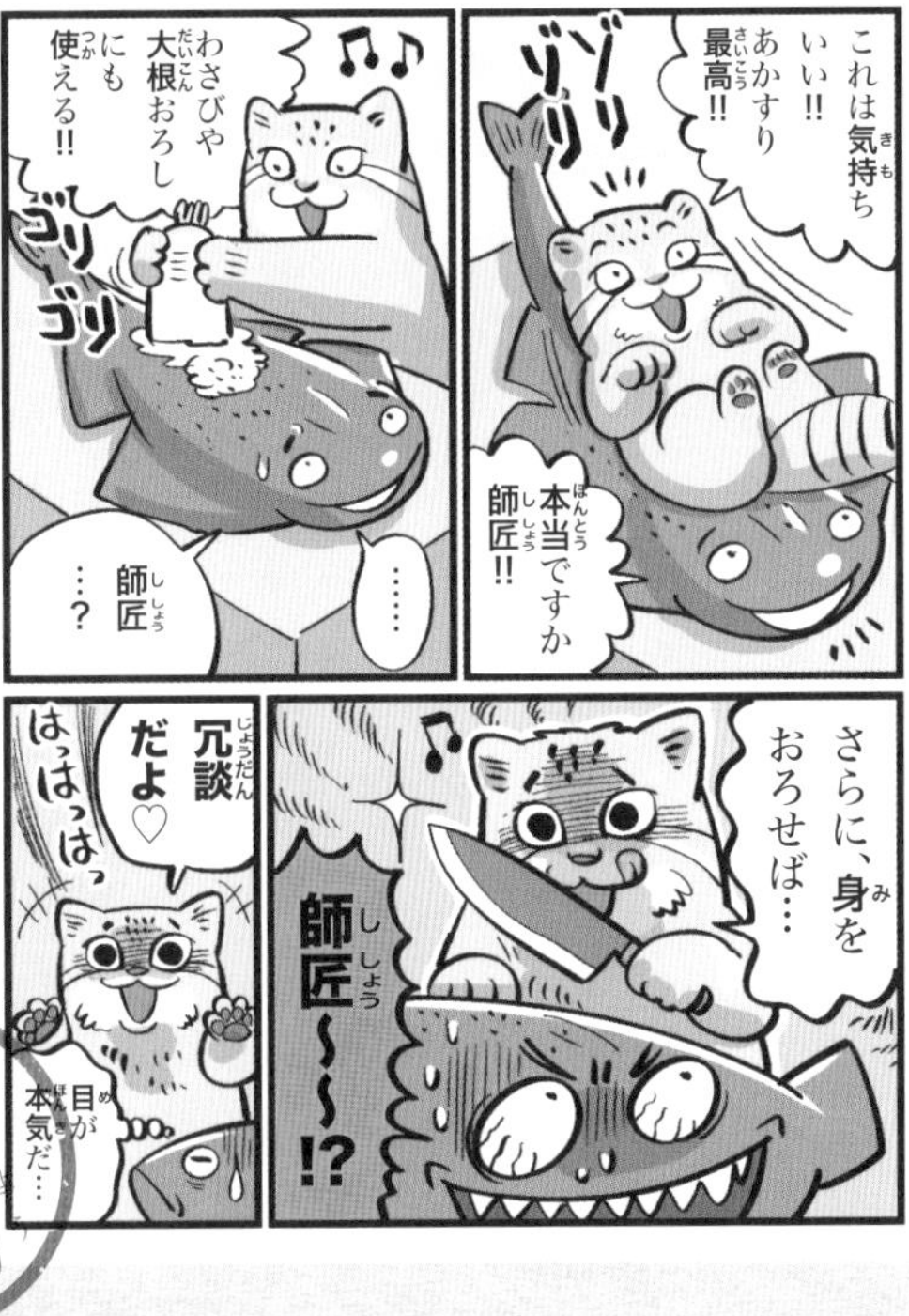
これは気《き》持《も》ちいい!! あかすり最高《さいこう》!!
ゾリゾリ
本当《ほんとう》ですか師匠《ししょう》!!
わさびや大根《だいこん》おろしにも使《つか》える!!
ゴリゴリ
……
師匠《ししょう》…?
さらに、身《み》をおろせば…
師匠《ししょう》〜〜!?
冗談《じょうだん》だよ♡
はっはっはっ
目《め》が本気《ほんき》だ…

! もっと知《し》ろう

ネコ科動物《かどうぶつ》には、クッションの役目《やくめ》の肉球《にくきゅう》があり、指先《ゆびさき》はモノをつかめるように広《ひろ》がり関節《かんせつ》もやわらかい。子《こ》ネコは手《て》を開《ひら》いて母《はは》ネコのオッパイをもんで、ミルクの分泌《ぶんぴつ》を促《うなが》して飲《の》む。

採用

仕事内容《しごとないよう》 国家試験《こっかしけん》の旅行業務取扱管理者《りょこうぎょうむとりあつかいかんりしゃ》など、旅行関係《りょこうかんけい》の資格《しかく》があると有利《ゆうり》。旅行代理店《りょこうだいりてん》は、他《ほか》にはない魅力的《みりょくてき》なプランを打《う》ち出《だ》せるかどうかが生《い》き残《のこ》りのカギ。●収入《しゅうにゅう》★★ ●競争倍率《きょうそうばいりつ》★★

旅行代理店《りょこうだいりてん》

旅《たび》のお供《とも》をして 一緒《いっしょ》に 旅《たび》をつくる

ツアーコンダクター

スズガモ

こんな動物《どうぶつ》たちも活躍中《かつやくちゅう》！
トナカイ／シロナガスクジラ／サケなど

1 お仕事《しごと》チェック！

格安《かくやす》で安心安全《あんしんあんぜん》な 海外旅行《かいがいりょこう》を提供《ていきょう》します

国内外《こくないがい》の交通《こうつう》・宿泊《しゅくはく》をまとめたプランを提供《ていきょう》し、ツアーの企画《きかく》を考案《こうあん》・実施《じっし》するのが、旅行代理店《りょこうだいりてん》の仕事《しごと》です。

私《わたし》たちスズガモ旅行社《りょこうしゃ》は、海外旅行《かいがいりょこう》のツアーの企画《きかく》・提《てい》供《きょう》に定評《ていひょう》があり、独自《どくじ》の定期《ていき》航路《こうろ》をおさえているので、格《かく》安《やす》で安心《あんしん》なご旅行《りょこう》を楽《たの》しんで頂《いただ》けます。団体様《だんたいさま》のお手配《てはい》やアレンジも承《うけたまわ》ります。

現在《げんざい》、アフリカサバンナのツアーを企画《きかく》しており、そこに添乗《てんじょう》する現地《げんち》ツアーガイドを募集《ぼしゅう》しています。

住所《じゅうしょ》 東京都品川区《とうきょうとしながわく》（本社《ほんしゃ》）
理念《りねん》 旅《たび》の安心安全《あんしんあんぜん》を第一《だいいち》に

!?

もしもヌーが就活《しゅうかつ》したら……!?

2 履歴書《りれきしょ》

ヌー

経歴《けいれき》

アフリカ・
タンザニア出身《しゅっしん》

前職《ぜんしょく》 旅《たび》ブロガー

長所《ちょうしょ》 地理《ちり》に強《つよ》い

短所《たんしょ》 リーダーシップが弱《よわ》い

命《いのち》がけの旅《たび》を楽《たの》しませるぜ！

志望動機《しぼうどうき》

旅《たび》が好《す》きで、毎年《まいとし》、乾季《かんき》になると、仲間《なかま》と共《とも》に数《すう》千km《せんキロ》の旅《たび》をしています。危機《きき》管理能力《かんりのうりょく》が高《たか》いので、常《つね》に周囲《しゅうい》に注意《ちゅうい》を払《はら》っています。こういうセンスを御社《おんしゃ》で活《い》かして、旅《たび》の案内《あんない》をしていきたいと思《おも》います。

3 採用《さいよう》テスト

「ヌーの大移動《だいいどう》」体験《たいけん》ツアー

採用者《さいようしゃ》メッセージ

飛行機《ひこうき》の移動《いどう》も織《お》り交《ま》ぜてみては？

採用《さいよう》テストのツアーおつかれさまでした。長距離《ちょうきょり》のサバンナの旅《たび》は、すべて陸路《りくろ》なんですね……。旅行日程《りょこうにってい》58泊《ぱく》59日《にち》は、流石《さすが》に長《なが》すぎるかもしれません。飛行機《ひこうき》での移動《いどう》も組《く》み合《あ》わせてみては？　ちなみにですが、航空券《こうくうけん》の予約方法《よやくほうほう》はわかりますか？

① もっと知《し》ろう

スズガモは、北半球《きたはんきゅう》に広《ひろ》く生息《せいそく》するカモの仲間《なかま》。国内最大《こくないさいだい》の越冬地《えっとうち》は東京湾《とうきょうわん》の干潟《ひがた》で10万羽《まんば》がやって来《く》る。毎年《まいとし》、繁殖地《はんしょくち》のシベリア方面《ほうめん》まで数千km《すうせんキロ》を正確《せいかく》に往復《おうふく》する渡《わた》り鳥《どり》。

金融業《きんゆうぎょう》

仕事内容《しごとないよう》 金融業界《きんゆうぎょうかい》は銀行《ぎんこう》の他《ほか》、証券会社《しょうけんがいしゃ》、保険会社《ほけんがいしゃ》などもある。ときに、個人《こじん》や企業《きぎょう》の、お金《かね》のコンサルタントの役割《やくわり》も求《もと》められることも。●収入《しゅうにゅう》★★★ ●競争倍率《きょうそうばいりつ》★★

お金《かね》の力《ちから》で企業《きぎょう》の成長《せいちょう》を応援《おうえん》し経済《けいざい》を活性化《かっせいか》させる

銀行員《ぎんこういん》
ナキウサギ（エサ貯蓄型《ちょちくがた》）

こんな動物《どうぶつ》たちも活躍中《かつやくちゅう》！
アリ／カケス／リスなど

1 お仕事《しごと》チェック！

冬《ふゆ》に備《そな》えて金庫《きんこ》の蓄《たくわ》えは万全《ばんぜん》

金融業界《きんゆうぎょうかい》では、お金《かね》を一時的《いちじてき》に預《あず》かって、集《あつ》めたお金《かね》を個人《こじん》や企業《きぎょう》に貸《か》し出《だ》し金利《きんり》（利子《りし》）でもうけたり、運用《うんよう》でもうけを出《だ》したりします。

銀行員《ぎんこういん》である、私《わたし》どもナキウサギは、業界《ぎょうかい》1位《い》のメガバンクに所属《しょぞく》しています。投資《とうし》シミュレーションが得意《とくい》で、冬《ふゆ》の厳《きび》しい季節《きせつ》に備《そな》えて、適当《てきとう》な量《りょう》の草《くさ》を巣《す》の奥《おく》の金庫《きんこ》に貯蓄《ちょちく》して、適切《てきせつ》に引《ひ》き出《だ》して有益《ゆうえき》に資産運用《しさんうんよう》しております。新年度《しんねんど》に向《む》けて、新規行員《しんきこういん》を募集《ぼしゅう》します。

住所《じゅうしょ》 東京都中央区日本橋《とうきょうとちゅうおうくにほんばし》
理念《りねん》 お金《かね》とともに未来《みらい》へ

!? もしもナキウサギ（エサ横領型《おうりょうがた》）が就活《しゅうかつ》したら……!?

2 履歴書《りれきしょ》

ナキウサギ
（エサ横領型《おうりょうがた》）

つくるより
うばう方《ほう》が楽《らく》

経歴《けいれき》

ロシア・ウラル山脈出身《さんみゃくしゅっしん》

前職《ぜんしょく》 消費者金融《しょうひしゃきんゆう》

長所《ちょうしょ》 情報収集能力《じょうほうしゅうしゅうのうりょく》が高《たか》い、勤勉《きんべん》

短所《たんしょ》 ずる賢《がしこ》い

志望動機《しぼうどうき》

消費者金融《しょうひしゃきんゆう》での経験《けいけん》を活《い》かせる職種《しょくしゅ》なので転職《てんしょく》を希望《きぼう》しており、御社《おんしゃ》の求人《きゅうじん》を見《み》て条件《じょうけん》が良《よ》かったので応募《おうぼ》しました。前職《ぜんしょく》では、金庫《きんこ》からの横領《おうりょう》が発覚《はっかく》して解雇《かいこ》されたので、一《いち》から出直《でなお》してがんばりたいと思《おも》います。

3 採用《さいよう》テスト

採用者《さいようしゃ》メッセージ

いっそのこと横領体験《おうりょうたいけん》を小説《しょうせつ》にしてみては……

当《とう》メガバンクは、採用条件《さいようじょうけん》が厳《きび》しく、貴殿《きでん》は欠格事項《けっかくじこう》に該《がい》当《とう》するため、不採用《ふさいよう》とさせて頂《いただ》きました。→ナキウサギ（エサ横領型《おうりょうがた》）さんにおすすめの仕事《しごと》は「編集者《へんしゅうしゃ》・ライター」（P76）

姉妹喧嘩《しまいげんか》

少《すこ》しぐらい分《わ》けてくれてもいいでしょ！ケチ！
私《わたし》が毎日《まいにち》コツコツ集《あつ》めたんだよ！このドロボーウサギ！
バッ
♪
へっ！ざまあみろっ天罰《てんばつ》よ！
あ…
バサァ
あ…
♪

! もっと知《し》ろう

ナキウサギは、氷河期《ひょうがき》の生《い》き残《のこ》りで、北半球《きたはんきゅう》の寒冷地《かんれいち》に生息《せいそく》し、日本《にほん》では北海道《ほっかいどう》に暮《く》らしている。耳《みみ》の短《みじか》い小型《こがた》のウサギの仲間《なかま》で、よく鳴《な》くのが特徴《とくちょう》。冬眠《とうみん》しないのでエサを計画的《けいかくてき》に貯蓄《ちょちく》する。

不採用《ふさいよう》

ブライダルコーディネーター

1 お仕事《しごと》チェック!

仕事内容《しごとないよう》 結婚式《けっこんしき》をするカップルに、ウェディングプランを提案《ていあん》する仕事《しごと》。結婚式《けっこんしき》が滞《とどこお》りなく行《おこな》われるかどうか、仲間《なかま》とともに進行《しんこう》も確認《かくにん》する。●収入《しゅうにゅう》★ ●競争倍率《きょうそうばいりつ》★

ブライダルコーディネーター

イルカ

こんな動物《どうぶつ》たちも活躍中《かつやくちゅう》!

ミーアキャット/ブチハイエナなど

結婚式《けっこんしき》という人生《じんせい》の晴《は》れの舞台《ぶたい》を徹底《てってい》サポートする

おせっかいおばさん精神《せいしん》で新郎新婦《しんろうしんぷ》の背中《せなか》を後押《あとお》し

結婚式《けっこんしき》のプランを提案《ていあん》するお仕事《しごと》。挙式《きょしき》、披露宴《ひろうえん》の料理《りょうり》、花《はな》、音楽《おんがく》、衣装《いしょう》、ヘアメイク、記録写真《きろくしゃしん》、引《ひ》き出物《でもの》など、希望《きぼう》や予算《よさん》に合《あ》わせてプロデュースしていきます。

結婚式場《けっこんしきじょう》を営《いとな》む、私《わたくし》どもイルカは、誰《だれ》かが幸《しあわ》せになる姿《すがた》を見《み》るのが大好《だいす》き。サプライズの演出《えんしゅつ》を通《とお》して、一緒《いっしょ》に楽《たの》しいひとときを過《す》ごさせていただきたいと願《ねが》っております。挙式《きょしき》シーズンを前《まえ》に、結婚式《けっこんしき》を共《とも》に支《ささ》えてくれるスタッフを募集《ぼしゅう》します。

住所《じゅうしょ》 愛知県知多半島《あいちけんちたはんとう》

理念《りねん》 ふたりの門出《かどで》を盛大《せいだい》に演出《えんしゅつ》

もしもアフリカゾウが就活《しゅうかつ》したら……!?

2 履歴書《りれきしょ》

アフリカゾウ

経歴《けいれき》
アフリカ・ケニア出身《しゅっしん》

前職《ぜんしょく》 介護施設《かいごしせつ》
長所《ちょうしょ》 面倒見《めんどうみ》が良《よ》い
短所《たんしょ》 ストレスもち

志望動機《しぼうどうき》
女性中心《じょせいちゅうしん》の業界《ぎょうかい》で働《はたら》いていたので、女性《じょせい》ならではの細《こま》やかな気配《きくば》りができます。娘《むすめ》や孫《まご》の縁談《えんだん》も、私《わたし》がまとめました。重《おも》いものも運《はこ》べて、会場《かいじょう》セッティングもひとりでできます。どうぞ、すべてをおまかせください。

3 採用《さいよう》テスト

採用者《さいようしゃ》メッセージ

素敵《すてき》な結婚式《けっこんしき》を一緒《いっしょ》に演出《えんしゅつ》してください

カップルのお客様《きゃくさま》への対応《たいおう》は、大変素晴《たいへんすば》らしく、むしろこちらが学《まな》ばせて頂《いただ》きました。特技《とくぎ》のファンファーレのような鳴《な》き声《ごえ》も、ぜひ新郎新婦《しんろうしんぷ》の入場時《にゅうじょうじ》にお願《ねが》いします。

おせっかい

もっと知《し》ろう

イルカは、世界《せかい》の温暖《おんだん》な海《うみ》に生息《せいそく》。海棲《かいせい》ほ乳類《にゅうるい》で知能《ちのう》が高《たか》く、群《む》れのベテランのメスが、経験《けいけん》の浅《あさ》い若《わか》いイルカの交際《こうさい》の世話《せわ》を焼《や》いたり、初《はつ》デートについていったりする行動《こうどう》が知《し》られている。

採用

1 葬祭業《そうさいぎょう》

仕事内容《しごとないよう》 人《ひと》が亡《な》くなったときに依頼《いらい》を受《う》けて、通夜《つや》や葬儀《そうぎ》の準備《じゅんび》・当日《とうじつ》の進行《しんこう》などをする。残《のこ》された家族《かぞく》の気持《きも》ちに寄《よ》り添《そ》って、様々《さまざま》な面《めん》からサポートする。●収入《しゅうにゅう》★★ ●競争倍率《きょうそうばいりつ》★★

葬儀屋《そうぎや》

シデムシ

こんな動物《どうぶつ》たちも活躍中《かつやくちゅう》！
ゴリラ／カツオブシムシ／カササギなど

葬儀《そうぎ》という人生最期《じんせいさいご》の儀式《ぎしき》をトータルコーディネイトする

1 お仕事《しごと》チェック！

土《つち》の中《なか》に埋葬《まいそう》して動物《どうぶつ》たちの魂《たましい》をお見送《みおく》り

葬儀《そうぎ》や祭祀《さいし》を専門《せんもん》に請《う》け負《お》う仕事《しごと》。大切《たいせつ》な人《ひと》とのお別《わか》れをサポートし、死者《ししゃ》の魂《たましい》をお見送《みおく》りする儀式《ぎしき》をコーディネートします。

私《わたくし》どもシデムシは、森《もり》で死《し》んだ動物《どうぶつ》たちを土《つち》の中《なか》に埋《まい》葬《そう》する習慣《しゅうかん》があり、葬儀屋《そうぎや》として古《ふる》くから実績《じっせき》があります。森《もり》の公衆衛生《こうしゅうえいせい》にも気《き》を配《くば》り、病気《びょうき》の蔓延防止《まんえんぼうし》でも社会貢献《しゃかいこうけん》してきました。生《い》きる者《もの》なら必《かなら》ず最期《さいご》に迎《むか》える大切《たいせつ》なセレモニーを、一緒《いっしょ》に支《ささ》えてくれるスタッフを募集《ぼしゅう》いたします。

住所《じゅうしょ》 千葉県鋸南町《ちばけんきょなんまち》
理念《りねん》 心《こころ》に染《し》みるお式《しき》の演出《えんしゅつ》を

もしもシバンムシが就活《しゅうかつ》したら……!?

2 履歴書《りれきしょ》

シバンムシ

食《た》べ物《もの》の海《うみ》で溺《おぼ》れたい

経歴《けいれき》
栃木県日光市《とちぎけんにっこうし》
出身《しゅっしん》

前職《ぜんしょく》 時計職人《とけいしょくにん》
長所《ちょうしょ》 謙虚《けんきょ》でひかえめ
短所《たんしょ》 小《ちい》さいけど大食《おおぐ》い

志望動機《しぼうどうき》
私《わたし》が、頭《あたま》を柱《はしら》などの木材《もくざい》に打《う》ちつける音《おと》が、海外《かいがい》では死神《しにがみ》が持《も》つ死《し》の時計《とけい》の秒《びょう》針《しん》の音《おと》と信《しん》じられています。そんなことから、葬祭業《そうさいぎょう》に向《む》いているのかなと思《おも》い、転《てん》職《しょく》を考《かんが》えました。

3 採用《さいよう》テスト

デスウォッチの大好物《だいこうぶつ》

私《わたし》の名前《なまえ》はデスウォッチ（死《し》の時計《とけい》）…
カチカチと鳴《な》る音《おと》は、死《し》の予告《よこく》ともいわれている…
フムフム なかなか怖《こわ》いな
死《し》とかかわりある仕事《しごと》にぴったりじゃないか
そんな私《わたし》の大好物《だいこうぶつ》…
死体《したい》だな？
いや…
お米《こめ》…
パスタ…
あと、お菓子《かし》とか？
それ普通《ふつう》の害虫《がいちゅう》じゃん

採用者《さいようしゃ》メッセージ

食《しょく》への探求《たんきゅう》を仕事《しごと》に活《い》かしては？

貴殿《きでん》には、仏像《ぶつぞう》や仏壇《ぶつだん》などの木材《もくざい》を激《はげ》しくかじる悪癖《あくへき》があるようなので、葬祭業《そうさいぎょう》の遂行《すいこう》は難《むずか》しいと判断《はんだん》し、不採用《ふさいよう》とさせて頂《いただ》きました。→シバンムシさんにおすすめの仕事《しごと》は「飲《いん》食店経営《しょくてんけいえい》」（P34）

! もっと知《し》ろう

シデムシは、日本《にほん》を含《ふく》め世界各地《せかいかくち》の森《もり》に生息《せいそく》する甲虫《こうちゅう》。漢字《かんじ》は死出《しで》虫《むし》で、動物《どうぶつ》の死体《したい》に集《あつ》まりエサにしている、生態系《せいたいけい》に欠《か》かせない分解者《ぶんかいしゃ》。昆虫《こんちゅう》では珍《めずら》しく親《おや》が幼虫《ようちゅう》にエサを食《た》べさせる亜社会《あしゃかい》性《せい》のものもいる。

不採用《ふさいよう》

運転士《うんてんし》（電車《でんしゃ》）

仕事内容《しごとないよう》 鉄道会社《てつどうかいしゃ》に就職後《しゅうしょくご》、動力車操縦者運転免許《でんりょくしゃそうじゅうしゃうんてんめんきょ》を取得《しゅとく》する必要《ひつよう》がある。安全《あんぜん》に、かつ定刻通《ていこくどお》りに、お客《きゃく》さんを駅《えき》まで運《はこ》ぶ、多《おお》くの人《ひと》の命《いのち》を預《あず》かる責任感《せきにんかん》が求《もと》められる仕事《しごと》だ。●収入《しゅうにゅう》★★ ●競争倍率《きょうそうばいりつ》★★

運転士《うんてんし》

アカゲザル

こんな動物《どうぶつ》たちも活躍中《かつやくちゅう》！
オポッサム／
ジャコウネズミなど

町《まち》で暮《く》らす人々《ひとびと》の日々《ひび》の生活《せいかつ》を支《ささ》える欠《か》かせない交通手段《こうつうしゅだん》

1 お仕事《しごと》チェック！

正確《せいかく》な運転技術《うんてんぎじゅつ》と徹底《てってい》した安全管理《あんぜんかんり》が必須《ひっす》

人《ひと》や貨物《かもつ》を運搬《うんぱん》する電車《でんしゃ》を運転《うんてん》する仕事《しごと》。生活《せいかつ》、経済《けいざい》、文化《ぶんか》の根幹《こんかん》を支《ささ》える乗《の》り物《もの》で、事故《じこ》やトラブルが発生《はっせい》すると、社会《しゃかい》に大《おお》きな影響《えいきょう》を与《あた》えます。車両《しゃりょう》には型式《かたしき》ごとにそれぞれ愛称《あいしょう》がついており、路線《ろせん》と合《あ》わせて多《おお》くの熱狂的《ねっきょうてき》なファンがおり、運転士《うんてんし》は憧《あこが》れの職業《しょくぎょう》です。

私《わたし》アカゲザルは、動物園《どうぶつえん》の〝お猿《さる》の電車《でんしゃ》〟で、動物運転士《どうぶつうんてんし》第《だい》1号《ごう》として働《はたら》いてきました。私《わたし》の引退《いんたい》に伴《ともな》い、後任《こうにん》を公募《こうぼ》いたします。車両《しゃりょう》も最新《さいしん》車両《しゃりょう》に一新《いっしん》します。

住所《じゅうしょ》 東京都台東区《とうきょうとたいとうく》（配属路線《はいぞくろせん》）
理念《りねん》 より速《はや》く、より安全《あんぜん》に！

!? もしもアカゲザル（若手《わかて》）が就活《しゅうかつ》したら……!?

2 履歴書《りれきしょ》

アカゲザル（若手《わかて》）

子《こ》どもの頃《ころ》からあこがれでした

経歴《けいれき》

日本出身《にほんしゅっしん》

前職《ぜんしょく》 新卒《しんそつ》（四大卒《よんだいそつ》）

長所《ちょうしょ》 状況判断能力《じょうきょうはんだんのうりょく》に優《すぐ》れている

短所《たんしょ》 落《お》ちているものをすぐ拾《ひろ》って食《た》べる癖《くせ》がある

志望動機《しぼうどうき》

小《ちい》さい頃《ころ》から駅《えき》が好《す》きで、いつも電車《でんしゃ》を見《み》ていました。動力車操縦者《どうりょくしゃそうじゅうしゃ》の資格《しかく》も取《しゅ》得済《とくす》みです。先輩《せんぱい》アカゲザルさんのような機《き》敏《びん》で判断力《はんだんりょく》に優《すぐ》れた運転士《うんてんし》を目指《めざ》したいです。

3 採用《さいよう》テスト

無人運転《むじんうんてん》

わー！見《み》て！最新式《さいしんしき》だよ！
かっこいいね—！パパ！
ああ、しかも無人運転《むじんうんてん》らしいよ！
人間《にんげん》が運転《うんてん》しない未来《みらい》ってすごいなあ…
運転《うんてん》はたしかに人間《にんげん》ではないが…

採用者《さいようしゃ》メッセージ

最新車両《さいしんしゃりょう》の運転《うんてん》を一任《いちにん》いたします

貴殿《きでん》の運転能力《うんてんのうりょく》は、先輩《せんぱい》アカゲザルに、勝《まさ》るとも劣《おと》らないものです。多《おお》くの人《ひと》の生活《せいかつ》を支《ささ》える、新《あら》たな乗《の》り物《もの》の運転《うんてん》を、陰《かげ》ながら支《ささ》え続《つづ》けてください。

! もっと知《し》ろう

アカゲザルは、中国《ちゅうごく》～インド周辺《しゅうへん》に生息《せいそく》するサル（マカク類《るい》）。ニホンザルと近縁《きんえん》で大《おお》きさや容姿《ようし》は似《に》ているが、尻尾《しっぽ》がニホンザルより長《なが》い。日本各地《にほんかくち》の動《どう》物園《ぶつえん》のサル山《やま》で飼育《しいく》されている。

パイロット

仕事内容《しごとないよう》 航空大学校《こうくうだいがっこう》などで技術《ぎじゅつ》を学《まな》び、航空会社《こうくうがいしゃ》などに就職《しゅうしょく》するケースが多《おお》い。パイロットになるには、多《おお》くの知識《ちしき》や技能《ぎのう》を習得《しゅうとく》することが求《もと》められる。●収入《しゅうにゅう》★★★ ●競争倍率《きょうそうばいりつ》★★

空《そら》の旅《たび》をする お客様《きゃくさま》を 安全《あんぜん》に送《おく》りとどける

快適《かいてき》な空《そら》の旅《たび》をお楽《たの》しみください

パイロット

アマツバメ

こんな動物《どうぶつ》たちも活躍中《かつやくちゅう》！
ハヤブサ／インドガンなど

1 お仕事《しごと》チェック！

官公庁《かんこうちょう》から民間《みんかん》まで空《そら》を飛《と》ぶ仕事《しごと》は多様《たよう》

航空機《こうくうき》を専門《せんもん》に操縦《そうじゅう》する仕《し》事《ごと》。パイロットになるためには、航空力学《こうくうりきがく》、航空法《こうくうほう》、気象《きしょう》学《がく》、航空英語《こうくうえいご》、航空生理《こうくうせいり》、無《む》線通信《せんつうしん》などの高度《こうど》な専門知識《せんもんちしき》が必要《ひつよう》。就職先《しゅうしょくさき》には、旅客機《りょかくき》を運航《うんこう》する航空会社《こうくうがいしゃ》、戦闘機《せんとうき》を保有《ほゆう》する自衛隊《じえいたい》、ヘリコプターを所有《しょゆう》する警察《けいさつ》、消防《しょうぼう》、マスコミなどがあります。

パイロットの私《わたし》アマツバメは、総飛行時間《そうひこうじかん》2000時間《じかん》を超《こ》え、速度《そくど》も鳥類最速記録《ちょうるいさいそくきろく》を誇《ほこ》ります。経験豊富《けいけんほうふ》なベテランの私《わたし》が教官《きょうかん》を務《つと》めます。訓練生《くんれんせい》を募集《ぼしゅう》いたします。

住所《じゅうしょ》 北海道札幌市《ほっかいどうさっぽろし》（会場《かいじょう》）
理念《りねん》 空旅《そらたび》の快適《かいてき》、安全《あんぜん》、満足《まんぞく》

もしもハクトウワシが就活《しゅうかつ》したら……!?

2 履歴書《りれきしょ》

ハクトウワシ

経歴《けいれき》

アメリカ合衆国《がっしゅうこく》・アラスカ州出身《しゅうしゅっしん》

前職《ぜんしょく》 アメリカ陸軍第《りくぐんだい》101空挺師団《くうていしだん》

長所《ちょうしょ》 常《つね》に重厚《じゅうこう》で精悍《せいかん》がモットー

短所《たんしょ》 声《こえ》が高《たか》いのがコンプレックス

志望動機《しぼうどうき》

自分《じぶん》はかつてトップガンにも選《えら》ばれた戦闘機乗《せんとうきの》りであります。除隊《じょたい》して民間旅客機《みんかんりょかっき》のパイロットとして再《さい》スタートしたいと思《おも》い志《し》願《がん》しました。飛行機《ひこうき》の操縦技術《そうじゅうぎじゅつ》には、とにかく自信《じしん》があります。満足《まんぞく》させられます。

3 採用《さいよう》テスト

あおり飛行《ひこう》

採用者《さいようしゃ》メッセージ

旅客機《りょかっき》のアクロバットは止《や》めてください

操縦技術《そうじゅうぎじゅつ》は素晴《すば》らしいのですが、乗客《じょうきゃく》を楽《たの》しませるために、規定違反《きていいはん》のアクロバット飛行《ひこう》をくり返《かえ》したため、不採用《ふさいよう》とします。→ハクトウワシさんにおすすめの仕事《しごと》は「自衛隊《じえいたい》」（P118）

! もっと知《し》ろう

アマツバメ（ハリオアマツバメ）は、アジアに生息《せいそく》する。急降下《きゅうこうか》のスピードではなく、水平飛行《すいへいひこう》で最速《さいそく》の記録《きろく》を誇《ほこ》り時速《じそく》170km《キロ》をたたき出《だ》す。口《くち》を開《あ》けて飛《と》び、虫《むし》を捕《つか》まえ、水面《すいめん》を飛《と》びながら水《みず》を飲《の》む。

不採用

販売員《はんばいいん》

仕事内容《しごとないよう》 接客《せっきゃく》、レジ、商品《しょうひん》の品出《しなだ》し陳列《ちんれつ》、商品《しょうひん》の発注《はっちゅう》にとどまらず、簡単《かんたん》な調理《ちょうり》や代行《だいこう》サービスなど、業務内容《ぎょうむないよう》は実《じつ》に多岐《たき》にわたる。

●収入《しゅうにゅう》★ ●競争倍率《きょうそうばいりつ》★★

コンビニが手掛《てが》ける 多様《たよう》なサービスを通《とお》して 幅広《はばひろ》い世代《せだい》の役《やく》に立《た》つ

コンビニ店員《てんいん》

リス

こんな動物《どうぶつ》たちも活躍中《かつやくちゅう》！
レッサーパンダ／ハツカネズミなど

1 お仕事《しごと》チェック！

24時間営業《じかんえいぎょう》している初心者大歓迎《しょしんしゃだいかんげい》の職場《しょくば》

店舗《てんぽ》でお客《きゃく》さんに商品《しょうひん》を販《はん》売《ばい》する販売員《はんばいいん》は、商品《しょうひん》の説明《せつめい》から、レジでの会計《かいけい》、お見送《みおく》りまで多《おお》くのサービスを行《おこな》います。コンビニエンスストアは、販売員《はんばいいん》マニュアルがあり、知識《ちしき》や経験《けいけん》を問《と》わないため入《にゅう》門者《もんしゃ》向《む》けです。

私《わたし》リスは、コンビニのアルバイトから始《はじ》めて、正社員《せいしゃいん》になりました。バイトと違《ちが》い責《せき》任重大《にんじゅうだい》ですが、仕事《しごと》のやりがいは以前《いぜん》より感《かん》じられます。24時間営業《じかんえいぎょう》だから、好《す》きな時《じ》間《かん》に働《はたら》けるのも魅力《みりょく》。一緒《いっしょ》に働《はたら》きませんか？

住所《じゅうしょ》 東京都新宿区《とうきょうとしんじゅくく》
理念《りねん》 街《まち》の便利《べんり》を支《ささ》える

もしもカケスが就活《しゅうかつ》したら……!?

2 履歴書《りれきしょ》

カケス

経歴《けいれき》
千葉県出身《ちばけんしゅっしん》

前職《ぜんしょく》 職歴《しょくれき》なし（四大生《よんだいせい》）

長所《ちょうしょ》 好奇心旺盛《こうきしんおうせい》で仕事《しごと》を覚《おぼ》えるのが早《はや》い。声真似《こえまね》が上手《うま》い

短所《たんしょ》 声《こえ》がかれていて、感《かん》じの悪《わる》いだみ声《ごえ》

志望動機《しぼうどうき》
これまでアルバイトをしたことが無《な》く、求人雑誌《きゅうじんざっし》を見《み》て初《はじ》めて応募《おうぼ》しました。大人《おとな》として早《はや》く働《はたら》いて社会《しゃかい》の役《やく》に立《た》ちたいと思《おも》っています。

3 採用《さいよう》テスト

採用者《さいようしゃ》メッセージ

あなたの能力《のうりょく》を活《い》かしてください

あなたの能力《のうりょく》を存分《ぞんぶん》に活《い》かせる職場《しょくば》だと思《おも》います。どんな仕事《しごと》でも、楽《たの》しいと思《おも》うか、つまらないと思《おも》うかは、あなた次第《しだい》です。がんばってください！

もうひとつの特技《とくぎ》

! もっと知《し》ろう

リスは、ネズミの仲間《なかま》でも樹上生活《じゅじょうせいかつ》に適応《てきおう》し進化《しんか》したグループで世界《せかい》に285種《しゅ》いる。寒冷地《かんれいち》では冬眠《とうみん》するものも多《おお》く、それに備《そな》えてドングリなどのエサを隠《かく》しておくが、忘《わす》れることも多《おお》い。

運送業《うんそうぎょう》

仕事内容《しごとないよう》 商品《しょうひん》や手紙《てがみ》、生活品《せいかつひん》などを、様々《さまざま》な場所《ばしょ》に届《とど》ける仕事《しごと》。最近《さいきん》は、Uber Eats《ウーバー イーツ》など、レストランの料理《りょうり》を届《とど》けるサービスもある。●収入《しゅうにゅう》★★ ●競争倍率《きょうそうばいりつ》★★

宅配便配達員《たくはいびんはいたついん》

オトシブミ

こんな動物《どうぶつ》たちも活躍中《かつやくちゅう》！
ロバ／ヤク／コウノトリ
など

誰《だれ》かの大切《たいせつ》な荷物《にもつ》を 真心《まごころ》と共《とも》に 大切《たいせつ》にお届《とど》けする

1 お仕事《しごと》チェック！

運転技術《うんてんぎじゅつ》や体力《たいりょく》 接客術《せっきゃくじゅつ》も求《もと》められる

離《はな》れた相手《あいて》に手紙《てがみ》や物《もの》を届《とど》けたり、新聞《しんぶん》・チラシや牛乳《ぎゅうにゅう》などの生活品《せいかつひん》・食料品《しょくりょうひん》を配《くば》ったりする、日々《ひび》の生活《せいかつ》を支《ささ》える重要《じゅうよう》な仕事《しごと》です。インターネット注文《ちゅうもん》の影響《えいきょう》を受《う》けて、近年《きんねん》は宅配便《たくはいびん》の仕事《しごと》が注目《ちゅうもく》されています。

私《わたし》、オトシブミは以前《いぜん》は郵《ゆう》便配達《びんはいたつ》をしていましたが、その土地勘《とちかん》とラッピング能力《のうりょく》を活《い》かし、世《よ》の中《なか》のニーズを捉《とら》えて、現在《げんざい》は宅配便《たくはいびん》のお店《みせ》を経営《けいえい》しております。ヤル気《き》のある配達員募集中《はいたついんぼしゅうちゅう》です！

住所《じゅうしょ》 神奈川県横浜市《かながわけんよこはまし》（事業所《じぎょうしょ》）
理念《りねん》 迅速《じんそく》、丁寧《ていねい》、笑顔《えがお》でお届《とど》け！

もしもドングリキツツキが就活《しゅうかつ》したら……!?

2 履歴書《りれきしょ》

ドングリキツツキ

経歴《けいれき》

アメリカ合衆国《がっしゅうこく》・カリフォルニア州《しゅう》出身《しゅっしん》

前職《ぜんしょく》 大工《だいく》（木材加工業《もくざいかこうぎょう》）

長所《ちょうしょ》 体力《たいりょく》には自信《じしん》がある

短所《たんしょ》 仕事《しごと》に集中《しゅうちゅう》しすぎて他《ほか》が見《み》えなくなる

志望動機《しぼうどうき》

穴《あな》をあけてドングリを入《い》れるのが得意《とくい》で、荷物《にもつ》をポストや宅配《たくはい》ボックスに入《い》れる作業《さぎょう》にとても魅力《みりょく》を感《かん》じました。できるだけ、たくさん配達《はいたつ》したいです。できるなら、明日《あす》にでも働《はたら》きたいです！

3 採用《さいよう》テスト

もう穴《あな》をあけないで

採用者《さいようしゃ》メッセージ

穴《あな》の開《あ》けすぎには注意《ちゅうい》してください

いつもご苦労様《くろうさま》です。お客様《きゃくさま》からのお申《もう》し出《で》（苦情《くじょう》）の件《けん》は、今後《こんご》、気《き》をつけてください。それと、インターフォンは1回《かい》だけで、叩《たた》きすぎないようにお願《ねが》いします。

(!) もっと知《し》ろう

オトシブミは、森《もり》に住《す》む甲虫《こうちゅう》で、世界《せかい》に約《やく》1000種《しゅ》、日本《にほん》に23種《しゅ》生息《せいそく》している。卵《たまご》を葉《は》で包《つつ》んで切《き》り落《お》とすので、手紙《てがみ》を落《お》とす＝落《お》とし文《ぶみ》の名《な》がついた。葉《は》の折《お》りたたみ方《かた》が実《じつ》に丁寧《ていねい》で美《うつく》しい。

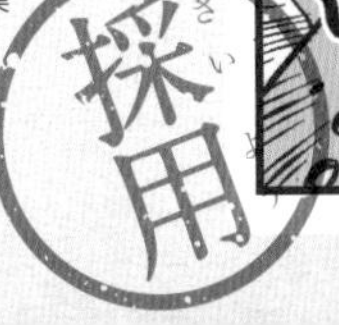

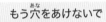

アスレチックトレーナー

1 お仕事《しごと》チェック！

仕事内容《しごとないよう》 スポーツの現場《げんば》で、適切《てきせつ》な筋力《きんりょく》トレーニングの指導《しどう》から、ケガや事故予防《じこよぼう》・リハビリの管理《かんり》までを行《おこな》う。ダイエットなどのボディーメイクのニーズも高《たか》い。●収入《しゅうにゅう》★ ●競争倍率《きょうそうばいりつ》★

アスレチックトレーナー

テナガザル

こんな動物《どうぶつ》たちも活躍中《かつやくちゅう》！
ガゼル／マレーグマ／カブトムシなど

本人《ほんにん》のやる気《き》を引《ひ》き出《だ》し ハードなトレーニングで 理想《りそう》のからだをつくる

成果《せいか》がでたときに一緒《いっしょ》に喜《よろこ》べるのが魅力《みりょく》

プロスポーツや運動競技《うんどうきょうぎ》、ジム、高齢者向《こうれいしゃむ》け健康管理《けんこうかんり》まで様々《さまざま》なニーズがあり、お客《きゃく》さんの目標達成《もくひょうたっせい》をサポートしていく仕事《しごと》です。

私《わたし》テナガザルは、器械体操《きかいたいそう》のオリンピック候補《こうほ》だったこともあり、ジムにある様々《さまざま》なトレーニングマシンを駆使《くし》してわかりやすく指導《しどう》します。ダイエットなどの目標設定《もくひょうせってい》をし、お客《きゃく》さんにコミットしながら、達成《たっせい》を喜《よろこ》び合《あ》えるのがこの仕事《しごと》の魅力《みりょく》。新《あら》たにスタッフを募集《ぼしゅう》します！

住所《じゅうしょ》 東南《とうなん》アジア・マレーシア店《てん》
理念《りねん》 健全《けんぜん》な肉体《にくたい》に、健全《けんぜん》な精神《せいしん》が宿《やど》る

もしもガウルが就活《しゅうかつ》したら……!?

2 履歴書《りれきしょ》

ガウル

経歴《けいれき》

インド出身《しゅっしん》

前職《ぜんしょく》 ボディービルダー

長所《ちょうしょ》 生活《せいかつ》のすべてが筋《きん》トレを中心《ちゅうしん》に回《まわ》っています

短所《たんしょ》 筋肉《きんにく》の無駄《むだ》づかい、とよく言《い》われること

志望動機《しぼうどうき》

筋肉《きんにく》が好《す》きで、動物《どうぶつ》界《かい》で一番《いちばん》のマッチョを目指《めざ》しています。特《とく》に僧帽筋《そうぼうきん》、最長筋《さいちょうきん》、広背筋《こうはいきん》あたりを見《み》てもらいたいです。からだづくりの楽《たの》しさを広《ひろ》く伝《つた》えられる、筋《きん》トレの伝道師《でんどうし》になりたいです。

3 採用《さいよう》テスト

ハードトレーニング

採用者《さいようしゃ》メッセージ

筋《きん》トレの伝道師《でんどうし》にぜひなってください

「厳《きび》しいけれど、確実《かくじつ》にボディーメイクができる」と、お客《きゃく》さんからの評価《ひょうか》も高《たか》いようですね。スポーツ医学《いがく》にも詳《くわ》しいということで、活躍《かつやく》を期待《きたい》しています。

! もっと知《し》ろう

テナガザルは、東南《とうなん》アジアに生息《せいそく》する小型類人猿《こがたるいじんえん》。チンパンジーなどと同《おな》じ類人猿《るいじんえん》なので、尻尾《しっぽ》が無《な》いサル。長《なが》い腕《うで》を使《つか》った枝渡《えだわた》り(ブラキエーション)で、ジャングルを超高速《ちょうこうそく》で移動《いどう》できる。

採用

動《どう》物《ぶつ》アスリートの世《せ》界《かい》

ここでは、二足《にそく》の草鞋《わらじ》をはく、超人的《ちょうじんてき》なアスリートたちにお話《はなし》をうかがいます。スポーツ界《かい》への就職《しゅうしょく》を考《かんが》える学生《がくせい》はもちろん他《ほか》の学《がく》生《せい》も、一流《いちりゅう》のプロフェッショナルのマインドを学《まな》ぶことで、就職活《しゅうしょくかつ》動《どう》や就職後《しゅうしょくご》の仕事《しごと》に活《い》かせます。

就職課《しゅうしょくか》（キャリアセンター）より

チームで必《かなら》ず登頂《とうちょう》する超優秀《ちょうゆうしゅう》な「登山隊《とざんたい》」

アスリート・データ

アネハヅルは、エベレストを制覇《せいは》するなど、多《おお》くの実績《じっせき》を持《も》つ有名《ゆうめい》「登山隊《とざんたい》」。４年《ねん》に１度《ど》の『動物《どうぶつ》スポーツ選手権《せんしゅけん》』では、「フィギュアスケート選手《せんしゅ》」としても華麗《かれい》な舞《まい》を披露《ひろう》します。

渡《わた》り鳥《どり》の長距離《ちょうきょり》移《い》動《どう》の渡《わた》りは命《いのち》がけです。アネハヅルは８０００ｍ《メートル》以上《いじょう》のヒマラヤ・エベレストを越《こ》える、世界《せかい》で最《もっと》も高《たか》い場所《ばしょ》を渡《わた》る鳥《とり》です。渡《わた》りの経験《けいけん》がない新人《しんじん》は、極寒《ごっかん》、強風《きょうふう》、低酸素《ていさんそ》で知力《ちりょく》と気力《きりょく》の限界《げんかい》を迎《むか》え、群《む》れの編隊《へんたい》について行《い》けず、途中《とちゅう》で群《む》れから脱落《だつらく》してしまいます。

そんなとき、アネハヅルは、若《わか》い脱落者《だつらくしゃ》に合《あ》わせて何度《なんど》でもヒマラヤ越《ご》えをやり直《なお》し、１羽《わ》も脱落《だつらく》者《しゃ》を出《だ》す事無《ことな》く、世界一高《せかいいちたか》い山《やま》を越《こ》えて目標《もくひょう》を達成《たっせい》するのです。

群《む》れのＶ《ブイ》の字編隊飛行《じへんたいひこう》は、気流《きりゅう》の負担《ふたん》が個々《ここ》に最《もっと》もかからないフォーメーションですが、先頭《せんとう》だけは風《かぜ》を最《もっと》も多《おお》く受《う》けるので、皆《みな》が順番《じゅんばん》に位置《いち》を交代《こうたい》していきます。

そして時々《ときどき》、先頭《せんとう》の鳥《とり》が問《と》いかけるように鳴《な》いて仲間《なかま》の状態《じょうたい》を確認《かくにん》し、大丈夫《だいじょうぶ》な場合《ばあい》は皆《みな》が鳴《な》いてそれに応《こた》えます。新人《しんじん》が体力《たいりょく》の限界《げんかい》で脱落《だつらく》しそうになると、全員《ぜんいん》が飛《と》びながら励《はげ》ますように激《はげ》しく鳴《な》いて一生懸命応援《いっしょうけんめいおうえん》するのです。

この大《おお》きな偉業《いぎょう》をなしとげると、鳥《とり》たちのお互《たが》いの絆《きずな》はさらに深《ふか》くなります。1羽《わ》の脱落者《だつらくしゃ》も出《だ》さない、この精神《せいしん》が何万年《なんまんねん》も引《ひ》きつがれて今《いま》にいたっているのです。

飛《と》ぶ鳥《とり》をたたき落《お》とすスゴ腕《うで》の「猟師《りょうし》（ハンター）」

猟師《りょうし》の仕事《しごと》は、獲物《えもの》をつかまえるための猟具《りょうぐ》と、それを使《つか》いこなす技術《ぎじゅつ》が無《な》いと話《はなし》になりません。

アフリカから中東《ちゅうとう》、インドあたりまで生息《せいそく》するネコ科《か》のカラカルは、猟師動物《りょうしどうぶつ》の中《なか》でも特《とく》にスゴ腕《うで》です。自分《じぶん》の2倍《ばい》の大《おお》きさの動物《どうぶつ》を倒《たお》す筋力《きんりょく》を備《そな》え、ものすごく強《つよ》い狩猟《しゅりょう》メンタルを持《も》っています。

何《なに》よりも特筆《とくひつ》すべきは、カラカルの忍《しの》び猟《りょう》です。足《あし》の裏《うら》まで毛《け》が生《は》えており、獲物《えもの》に気《き》づかれずに移動《いどう》できる、究極《きゅうきょく》のシューズが、カラカルにとっての猟具《りょうぐ》のひとつといえます。忍《しの》び寄《よ》る集中力《しゅうちゅうりょく》は抜群《ばつぐん》で、ターゲットをロックオンすると同《おな》じ姿勢《しせい》で20分以上《ぶんいじょう》も静止《せいし》する、忍耐力《にんたいりょく》を持《も》っています。

もうひとつ魅力的《みりょくてき》な猟具《りょうぐ》がジャンプ力《りょく》で、ゆうに3m《メートル》を垂直跳《すいちょくと》びできます。隠《かく》れるところが少《すく》なく、獲物《えもの》に気《き》づかれやすい見通《みとお》しの良《よ》い草原《そうげん》でも、獲物《えもの》に接近《せっきん》して飛《と》び立《た》つ鳥《とり》も見事《みごと》に仕留《しと》められます。しかもベテラン猟師《りょうし》になると、ジャンプした空中《くうちゅう》で、鳥《とり》をたたき落《お》としたり、手《て》でつかんだり、口《くち》でくわえたりして、1度《ど》のジャンプで、飛《と》ぶ鳥《とり》を数羽仕留《すうわしと》めることができる運動神経《うんどうしんけい》と狩猟技術《しゅりょうぎじゅつ》を持《も》ちます。

カラカルは、猟果《りょうか》にこだわり、仕事《しごと》のスタイルに美学《びがく》を求《もと》める、ちょっぴり気《き》むずかしい職人肌《しょくにんはだ》の猟師《りょうし》です。

アスリート・データ

カラカルは、普段《ふだん》は凄腕《すごうで》「猟師《りょうし》」を生業《なりわい》にするが、4年《ねん》に1度《ど》の『動物《どうぶつ》スポーツ選手権《せんしゅけん》』では、跳躍力《ちょうやくりょく》と驚異的運動能力《きょういてきうんどうのうりょく》を活《い》かして、「トランポリン競技《きょうぎ》の選手《せんしゅ》」としても活躍《かつやく》しています。

本当《ほんとう》は「漁師《りょうし》」だったが「洗濯屋《せんたくや》」に転身《てんしん》か!?

アライグマは、水辺《みずべ》で食《た》べ物《もの》を洗《あら》って食《た》べる印象《いんしょう》が強《つよ》いですが、実《じつ》はこれは洗《あら》っているわけではないようです。水《みず》に住《す》む魚《さかな》や小動物《しょうどうぶつ》などを捕《と》っているという説《せつ》や、目《め》が悪《わる》いために水《みず》につけて食《た》べ物《もの》かどうかを確認《かくにん》しているという説《せつ》などがあります。

ただし、動物園《どうぶつえん》などでは、アライグマのそのような習性《しゅうせい》を利用《りよう》して、エサを洗《あら》って食《た》べている様子《ようす》を公開《こうかい》したり、皿《さら》を洗《あら》ったりするショーを実施《じっし》したりして、人気動物《にんきどうぶつ》です。「漁師《りょうし》」から「洗濯屋《せんたくや》（もしくはパフォーマー）」への転身《てんしん》と言《い》えるかもしれません。

運動能力《うんどうのうりょく》はそれなりですが、害獣《がいじゅう》とされるほどの、メンタルと生命力《せいめいりょく》、ここ一番《いちばん》の勝負強《しょうぶづよ》さはピカイチです。

アスリート・データ

アライグマは、「漁師《りょうし》」や「洗濯屋《せんたくや》」などの副業《ふくぎょう》を持《も》ちますが、実《じつ》は本業《ほんぎょう》はプロ野球選手《やきゅうせんしゅ》。４年《ねん》に１度《ど》の『どうぶつ ＷＢＣ《ダブリュービーシー》』では、日本代表選手《にほんだいひょうせんしゅ》に選《えら》ばれるほどの実力《じつりょく》を誇《ほこ》ります。バッティングが得意《とくい》で、守備《しゅび》がやや苦手《にがて》なため、６番《ばん》バッターでＤＨ《ディーエイチ》で出場《しゅつじょう》しています。

『すごいぜ！動物《どうぶつ》スポーツ選手権《せんしゅけん》』辰巳出版《たつみしゅっぱん》
好評発売中《こうひょうはつばいちゅう》！　by ニホンザル（広告代理店《こうこくだいりてん》）

掲示板《けいじばん》

将来《しょうらい》、「スポーツ選手《せんしゅ》になりたい」という夢《ゆめ》を持《も》つ動物《どうぶつ》は、こちらの本《ほん》を読《よ》んでください。

就職課《しゅうしょくか》（キャリアセンター）より

ありそうでなかった スポーツ×動物行動学《どうぶつこうどうがく》！

「もしも動物《どうぶつ》たちがスポーツに挑戦《ちょうせん》したら……?」という設定《せってい》のもと、陸上《りくじょう》、水泳《すいえい》など約《やく》60のスポーツ競技《きょうぎ》に、250種《しゅ》の動物《どうぶつ》が挑戦《ちょうせん》。動物《どうぶつ》の習性《しゅうせい》や生態《せいたい》にもとづいて「勝負《しょうぶ》したとき、動物《どうぶつ》はどんな力《ちから》を発揮《はっき》するのか?」などを、イラストとマンガとともに、ユニークに楽《たの》しく解説《かいせつ》します。

第《だい》9章《しょう》
我《わ》が道《みち》をゆく
仕《し》事《ごと》

ANIMAL
Profession
CATALOG

ギャンブラー・カジノディーラー

仕事内容《しごとないよう》 ギャンブラーは、カジノでルーレットやカードゲームなどにお金《かね》を賭《か》けて勝負《しょうぶ》する人《ひと》。カジノディーラーは、カジノのゲーム進行役《しんこうやく》。●収入《しゅうにゅう》★ ●競争倍率《きょうそうばいりつ》★★

伝説《でんせつ》のギャンブラーが カジノディーラーに転身《てんしん》

カジノディーラー

ナイルワニ

こんな動物《どうぶつ》たちも活躍中《かつやくちゅう》！

ハシビロコウ／ワニガメ／トッケイヤモリなど

1 お仕事《しごと》チェック！

感情《かんじょう》を表《おもて》に出《だ》さない ポーカーフェイスが基本《きほん》

カジノディーラーは、カードゲーム、ルーレットなどのゲームでお金《かね》を賭《か》ける公営《こうえい》ギャンブル場などで、カードを配《くば》ったり、ルーレットを回《まわ》したりしてゲームを進行《しんこう》する。

私《わたし》ナイルワニは、元《もと》ギャンブラーで、今《いま》はカジノディーラーをしております。感情《かんじょう》を表《おもて》に出《だ》さないポーカーフェイスで、プレイヤーに楽《たの》しんでもらう気《き》配《くば》りを忘《わす》れません。スリルの醍醐味《だいごみ》も知《し》り尽《つ》くし、たくみな演出《えんしゅつ》をしています。究極《きゅうきょく》のサービス業《ぎょう》であるカジノディーラーを募集中《ぼしゅうちゅう》です。

住所《じゅうしょ》 東京都《とうきょうと》港区《みなとく》お台場《だいば》

理念《りねん》 カジノでIR《アイアール》・インバウンド

もしもロボロフスキーハムスターが就活《しゅうかつ》したら……!?

2 履歴書《りれきしょ》

ロボロフスキーハムスター

この仕事《しごと》で自分《じぶん》を変《か》えたい

経歴《けいれき》

カザフスタン出身《しゅっしん》

前職《ぜんしょく》 手芸品職人《しゅげいひんしょくにん》

長所《ちょうしょ》 まめに動《うご》く

短所《たんしょ》 臆病《おくびょう》

志望動機《しぼうどうき》

自分《じぶん》を変《か》えたくて、社交的《しゃこうてき》な職場《しょくば》で働《はたら》いてみたいと思《おも》い、求人《きゅうじん》を見《み》て志望《しぼう》しました。カジノには行《い》ったことがありませんし、賭博《とばく》も知《し》りませんが、がんばって怒《おこ》られないようにしたいと思《おも》います。

3 採用《さいよう》テスト

採用者《さいようしゃ》メッセージ

表情《ひょうじょう》に出《で》すぎで手《て》の内《うち》がバレバレです

とても実直《じっちょく》な方《かた》ですが、気《き》が小《ちい》さくてすぐに動揺《どうよう》してしまうようなので、カジノディーラーには向《む》いていないと判断《はんだん》して、今回《こんかい》は不採用《ふさいよう》としました。

ババぬきで実力審査《じつりょくしんさ》

ババぬき対決《たいけつ》
びーーっ
わかりやすすぎ…
ナイルワニの圧勝《あっしょう》

！もっと知《し》ろう

ナイルワニは、アフリカに生息《せいそく》する大型《おおがた》のワニ。大型《おおがた》ながら姿《すがた》や気配《けはい》を消《け》すことが得意《とくい》で、表情《ひょうじょう》から行《こう》動《どう》を読《よ》み取《と》ることも難《むず》しく、突然《とつぜん》襲《おそ》ってくる。飢餓《きが》にも強《つよ》く、川《かわ》で草《そう》食動物《しょくどうぶつ》を待《ま》ち伏《ぶ》せし、数《すう》カ月《げつ》エサを食《た》べないこともある。エサにありつけるかどうかは、まさにギャンブル。

不採用《ふさいよう》

1 お仕事《しごと》チェック！

ホスト・ホステス

仕事内容《しごとないよう》 お店《みせ》でお酒《さけ》を提供《ていきょう》して、お客様《きゃくさま》をもてなす仕事《しごと》。人気《にんき》No.《ナンバー》1と新人《しんじん》では、年収《ねんしゅう》には雲泥《うんでい》の差《さ》がある。20代後半《だいこうはん》から30代《だい》に引退《いんたい》する人《ひと》が多《おお》い。●収入《しゅうにゅう》★★★ ●競争倍率《きょうそうばいりつ》★

それぞれのスタイルで 客《きゃく》をもてなし 夢《ゆめ》をみさせる

ホストクラブ幹部《かんぶ》

ゴリラ

こんな動物《どうぶつ》たちも活躍中《かつやくちゅう》！
ヒョウ／イワトビペンギン／キリンなど

どんな女性《じょせい》にも優《やさ》しい それがホストです

来店《らいてん》したお客様《きゃくさま》にお酒《さけ》をすすめて、話《はなし》を聞《き》いたり、トークで楽《たの》しませたりする仕事《しごと》です。

私《わたし》ゴリラは、ホストクラブの幹部《かんぶ》で、見《み》た目《め》から粗暴《そぼう》に思《おも》われがちですが、女性《じょせい》には優《やさ》しく丁寧《ていねい》な配慮《はいりょ》を忘《わす》れたことがありません。どんな女性《じょせい》であってもです。男《おとこ》に対《たい》しては厳《きび》しいので、徹底的《てっていてき》に鍛《きた》えあげます。新宿《しんじゅく》のホストクラブと、姉妹店《しまいてん》の銀座《ぎんざ》のクラブがあるので、ホストとホステスを同時募集《どうじぼしゅう》！

住所《じゅうしょ》 東京都新宿区歌舞伎町《とうきょうとしんじゅくくかぶきちょう》
理念《りねん》 目指《めざ》せNo.《ナンバー》1ホスト・ホステス、将来独立《しょうらいどくりつ》

もしもタマシギが就活《しゅうかつ》したら……!?

2 履歴書《りれきしょ》

タマシギ

経歴《けいれき》
茨城県出身《いばらきけんしゅっしん》

前職《ぜんしょく》 主婦《しゅふ》
長所《ちょうしょ》 美《うつく》しいものが好《す》き
短所《たんしょ》 家事《かじ》と育児《いくじ》はやらない

志望動機《しぼうどうき》
女《おんな》である自分《じぶん》を磨《みが》きたいのと、接客《せっきゃく》が好《す》きなので自分《じぶん》に向《む》いていると思《おも》い、求人《きゅうじん》を見《み》て応募《おうぼ》しました。話題《わだい》も豊富《ほうふ》で、どんな男性《だんせい》とも楽《たの》しくお話《はなし》を盛《も》り上《あ》げることができると思《おも》います。子育《こそだ》ては、夫《おっと》に任《まか》せているので、夜《よる》の仕事《しごと》も問題《もんだい》なくできます。

3 採用《さいよう》テスト

キレイなだけでは…

採用者《さいようしゃ》メッセージ

将来《しょうらい》のママ候補《こうほ》として採用《さいよう》させていただきます

体験入店《たいけんにゅうてん》おつかれさまでした。おしぼりの渡《わた》し方《かた》、お酒《さけ》の提供《ていきょう》の仕方《しかた》、火《ひ》のつけ方《かた》などすべて完璧《かんぺき》でした。お客様《きゃくさま》へのおもてなしにも感服《かんぷく》。即戦力《そくせんりょく》&将来《しょうらい》のママ候補《こうほ》として期待《きたい》しています。

! もっと知《し》ろう

ゴリラは、アフリカに生息《せいそく》する大型《おおがた》類人猿《るいじんえん》。現生《げんせい》の全霊長類《ぜんれいちょうるい》の中《なか》で最大種《さいだいしゅ》でオスは200kg《キロ》を超《こ》えることも。見《み》かけによらずオスは争《あらそ》いや暴力《ぼうりょく》を嫌《きら》い、メスに優《やさ》しく気《き》を配《くば》り、子《こ》どもの世話《せわ》もする育《いく》メン。

仕事内容《しごとないよう》 動物《どうぶつ》の一種《いっしゅ》である人間《にんげん》には性欲《せいよく》がわき起《お》こる。文明社《ぶんめいしゃ》会《かい》において、その性欲《せいよく》をお金《かね》を払《はら》って解消《かいしょう》する手段《しゅだん》として、エッチな仕事《しごと》が存在《そんざい》している。●収入《しゅうにゅう》★★★ ●競争倍率《きょうそうばいりつ》★★

エッチな仕事《しごと》

接客業《せっきゃくぎょう》

ボノボ

こんな動物《どうぶつ》たちも活躍中《かつやくちゅう》！
フジツボ／ナメクジ／カタツムリなど

裸《はだか》で語《かた》り合《あ》うことで孤独《こどく》な心《こころ》を癒《い》やす

おとなの仕事《しごと》

1 お仕事《しごと》チェック！

人《ひと》には言《い》いづらいけれど確実《かくじつ》に求《もと》められている仕事《しごと》

裸《はだか》になって、お風呂《ふろ》でからだを触《ふ》れあったりして、男性《だんせい》客《きゃく》を楽《たの》しませるお仕事《しごと》。違法《いほう》なお仕事《しごと》ではないが、働《はたら》く女性《じょせい》にとっては、危険《きけん》が伴《ともな》うので注意《ちゅうい》が必要《ひつよう》です。

私《わたし》たちボノボは、あいさつ代《が》わりにキスをしたり、おチンチンを触《さわ》ったり、ベタベタするのが普通《ふつう》のコミュニケーション。争《あらそ》い事《ごと》も嫌《きら》いで、仲《なか》間《ま》同士《どうし》お互《たが》い助《たす》け合《あ》い、とにかく楽《たの》しいことが好《す》きなので、裸《はだか》のお付《つ》き合《あ》いも問題《もんだい》なしです。

住所《じゅうしょ》 北海道札幌市《ほっかいどうさっぽろし》すすきの
理念《りねん》 性感《せいかん》マッサージは、心《こころ》のマッサージ

もしもボノボ（理由《わけ》あり）が就活《しゅうかつ》したら……!?

2 履歴書《りれきしょ》

ボノボ(理由《わけ》あり)

経歴《けいれき》
アフリカ・コンゴ出身《しゅっしん》

前職《ぜんしょく》 サトウキビ農家《のうか》
長所《ちょうしょ》 社交的《しゃこうてき》で、大《だい》の世話好《せわず》き
短所《たんしょ》 明《あか》るく下《しも》ネタを言《い》うこと

志望動機《しぼうどうき》
家庭《かてい》の事情《じじょう》で、お金《かね》が必要《ひつよう》になり、高収入《こうしゅうにゅう》のお仕事《しごと》として転職《てんしょく》を考《かんが》えました。また、お客《きゃく》さんの他人《ひと》に言《い》えない悩《なや》みなどを察《さっ》して、忘《わす》れさせてあげることができればいいなぁと思《おも》っています。

3 採用《さいよう》テスト

採用者《さいようしゃ》メッセージ

事情《じじょう》があるようですが
とにかくがんばって！

家庭《かてい》の事情《じじょう》は聞《き》きません。大変《たいへん》な肉体労働《にくたいろうどう》ですが、心身共《しんしんとも》に健康《けんこう》を保《たも》ってがんばってね。

サッパリ変身《へんしん》

！ もっと知《し》ろう

ボノボは、アフリカのコンゴ民主共和国《みんしゅきょうわこく》の森《もり》に生息《せいそく》する類人猿《るいじんえん》。ユニークな生態《せいたい》で、あいさつ代《が》わりに性行動《せいこうどう》をする他《ほか》、平和主義《へいわしゅぎ》で食《た》べものをみんなで均等《きんとう》に分《わ》けるなどの行動《こうどう》は、チンパンジーではみられない。

殺《ころ》し屋《や》

仕事内容《しごとないよう》 決《けっ》して表舞台《おもてぶたい》に出《で》ることがない、闇《やみ》の世界《せかい》で暗躍《あんやく》する仕事《しごと》のひとつが殺《ころ》し屋《や》だ。各国《かっこく》の諜報機関《ちょうほうきかん》に属《ぞく》していたり、フリーランスで活動《かつどう》していたりする。●収入《しゅうにゅう》★★★ ●競争倍率《きょうそうばいりつ》★★★

射程圏内《しゃていけんない》の獲物《えもの》を鉄砲《てっぽう》で撃《う》ち落《お》とし証拠《しょうこ》を一切残《いっさいのこ》さない

超A級《ちょうエーきゅう》スナイパー

テッポウウオ

こんな動物《どうぶつ》たちも活躍中《かつやくちゅう》！
ブラックマンバ／オオスズメバチ／イモガイなど

1 お仕事《しごと》チェック！

復讐《ふくしゅう》、利害《りがい》、怨恨《えんこん》の問題《もんだい》を禁断《きんだん》の手段《しゅだん》で解決《かいけつ》する

非合法《ひごうほう》に依頼人《いらいにん》からお金《かね》をもらい、殺人《さつじん》を請《う》け負《お》う仕事《しごと》。依頼人《いらいにん》を特定《とくてい》させず、自身《じしん》も殺人罪《さつじんざい》で捕《つか》まらないよう、緻《ち》密《みつ》な計画《けいかく》を立《た》てます。

俺《おれ》テッポウウオは、殺《ころ》し屋《や》。静《しず》かにターゲット（標的《ひょうてき》）に忍《しの》びより、距離《きょり》と角度《かくど》、風向《かざむ》き、重力《じゅうりょく》を計算《けいさん》して、口《くち》から吐《は》き出《だ》す水《みず》で、狙撃銃《そげきじゅう》の弾丸《だんがん》のように1発《ぱつ》で獲物《えもの》を射貫《いぬ》く。ターゲットは何《なに》が起《お》こったかわからないまま昇天《しょうてん》。証拠《しょうこ》は残《のこ》さない。それが俺《おれ》の殺《ころ》しの美学《びがく》。

住所《じゅうしょ》 東南《とうなん》アジアの汽水域《きすいいき》（アジト）
理念《りねん》 報酬《ほうしゅう》は前払《まえばら》い、新札連番《しんさつれんばん》は受《う》け取《と》らない（哲学《てつがく》）

もしもシャチが就活《しゅうかつ》したら……!?

2 履歴書《りれきしょ》

シャチ

経歴《けいれき》

ノルウェー出身《しゅっしん》

弟子《でし》入りを希望《きぼう》してます

前職《ぜんしょく》 ギャング

長所《ちょうしょ》 脅《おど》しが得意《とくい》

短所《たんしょ》 情《じょう》にもろいこと

志望動機《しぼうどうき》

長《なが》きにわたってギャングとして生《い》きてきて、殺《ころ》しも何《なん》度《ど》かやってきました。テッポウウオさんの殺《ころ》しの鮮《あざ》やかさに感銘《かんめい》を受《う》け、テクニックを磨《みが》こうと思《おも》い、弟子入《でしい》りを志願《しがん》しました。

3 採用《さいよう》テスト

連携《れんけい》プレー

ドン
ドーッ
どうスか俺《おれ》らの連携《れんけい》プレイ
ぜひ弟子《でし》にしてくだせぇ!!
……
ていうか俺《おれ》…
虫《むし》しか殺《ころ》さないしな…

採用者《さいようしゃ》メッセージ

俺《おれ》は弟子《でし》はとらない主義《しゅぎ》だ!

悪《わる》いが、俺《おれ》は常《つね》に一匹《いっぴき》オオカミ、弟子《でし》をとるなんてことはしないし、徒党《ととう》を組《く》んだ狩《か》りはしない。なによりも、俺《おれ》は、図体《ずうたい》がデカいヤツが嫌《きら》いなんだ。

! もっと知《し》ろう

テッポウウオは、東南《とうなん》アジア周辺《しゅうへん》の汽水域《きすいいき》などに生息《せいそく》する魚《さかな》。水中《すいちゅう》から木《き》の上《うえ》にいる虫《むし》に、口《くち》から吐《は》き出《だ》す水《みず》を当《あ》てて落下《らっか》させて捕食《ほしょく》する。水《みず》の弾道《だんどう》を水中《すいちゅう》から見《み》て計算《けいさん》して狙《ねら》い撃《う》ちしている。

不採用《ふさいよう》

ボランティア

仕事内容《しごとないよう》 ボランティアは、給料《きゅうりょう》などの報酬目的《ほうしゅうもくてき》ではなく、自発的《じはつてき》に他人《たにん》・社会《しゃかい》に奉仕《ほうし》する活動《かつどう》。NPO法人《エヌピーオーほうじん》などを立《た》ち上《あ》げ、ボランティアを人生《じんせい》の仕事《しごと》としている人《ひと》も。●収入《しゅうにゅう》★ ●競争倍率《きょうそうばいりつ》★★★

ボランティア

オナガ

こんな動物《どうぶつ》たちも活躍中《かつやくちゅう》！
スズメ／シャチ／ミツバチなど

困《こま》っている仲間《なかま》がいる だから助《たす》ける それがボランティア精神《せいしん》

1 お仕事《しごと》チェック！

社会《しゃかい》に役立《やくだ》つ実感《じっかん》をボランティアで得《え》る

通常《つうじょう》は、ボランティアでは、自分《じぶん》の生活《せいかつ》ができないので、活動《かつどう》を続《つづ》けられる仕事《しごと》を選《えら》んだり、活動《かつどう》の資金源《しきんげん》となる母体《ぼたい》で事業《じぎょう》を持《も》ったりする必要《ひつよう》があります。

私《わたし》オナガは、カラスの仲間《なかま》ですが、人知《ひとし》れずボランティア精神《せいしん》に満《み》ちています。自分《じぶん》に結婚相手《けっこんあいて》がいなくても、他人《たにん》の子《こ》どものためにエサを運《はこ》んできたり一生懸命世話《いっしょうけんめいせわ》をしたりします。何《なに》か社会《しゃかい》の役《やく》に立《た》っているという実感《じっかん》を得《え》たい仲間《なかま》を募集《ぼしゅう》します。

住所《じゅうしょ》 東京都世田谷区《とうきょうとせたがやく》
理念《りねん》 ひとりはみんなのために、みんなはひとりのために

もしもヒトが就活《しゅうかつ》したら……!?

2 履歴書《りれきしょ》

ヒト

経歴《けいれき》

日本出身《にほんしゅっしん》

前職《ぜんしょく》 サラリーマン

長所《ちょうしょ》 動物《どうぶつ》の中《なか》で一番向上心《いちばんこうじょうしん》があること

短所《たんしょ》 他人《たにん》のせいにして過《あやま》ちをくり返《かえ》すこと

志望動機《しぼうどうき》

私《わたし》たち人間《にんげん》は、生《い》き物《もの》を絶滅《ぜつめつ》に追《お》いやったり、地球《ちきゅう》を汚《よご》したりしたので、罪滅《つみほろ》ぼしに、たまには動物《どうぶつ》に良《よ》いことをしたいと思《おも》い志願《しがん》しました。

3 採用《さいよう》テスト

誰《だれ》かのために

採用者《さいようしゃ》メッセージ

せっかくですがお断《ことわ》りします

まずは、自分《じぶん》たちの仲間《なかま》＝人間《にんげん》を大切《たいせつ》にしてください。もし余裕《よゆう》ができたら、ぜひお手伝《てつだ》いお願《ねが》いします。

! もっと知《し》ろう

オナガは、ヨーロッパと極東《きょくとう》アジアに生息《せいそく》するカラスの仲間《なかま》。東京《とうきょう》を含《ふく》めた関東《かんとう》の市街地《しがいち》でもよく見《み》られる尾《お》の長《なが》い美《うつく》しい鳥《とり》。前年《ぜんねん》に生《う》まれた個体《こたい》が育児《いくじ》を手伝《てつだ》う行動《こうどう》が知《し》られている。

動物《どうぶつ》たちの働《はたら》き方《かた》改《かい》革《かく》

動物《どうぶつ》たちの中《なか》には、様々《さまざま》な「働《はたら》き方改革《かたかいかく》」を実践《じっせん》している動物《どうぶつ》がいます。いろいろな角度《かくど》から、働《はたら》き方《かた》を考《かんが》えていきましょう。

就職課《しゅうしょくか》（キャリアセンター）より

新人教育《しんじんきょういく》

組織風土《そしきふうど》

大型《おおがた》ネコ科《か》動物《どうぶつ》から学《まな》ぶ ほめて伸《の》ばす新人教育《しんじんきょういく》

チーターやヒョウなどの大型《おおがた》ネコ科《か》動物《どうぶつ》は、仕事《しごと》の教《おし》え方《かた》がとても上手《じょうず》です。

からだが小《ちい》さく、体力《たいりょく》も技術《ぎじゅつ》も無《な》い子《こ》どもは、最初《さいしょ》は母親《ははおや》からミルクをもらって育《そだ》ちます。しかし、母親《ははおや》からミルクをもらえなくなっても、いきなりひとりで獲物《えもの》を狩《か》ることはできません。オトナですら成《せい》功《こう》する方《ほう》が少《すく》ないくらい、狩《か》りの仕事《しごと》はとても難易度《なんいど》が高《たか》く奥《おく》が深《ふか》いのです。

そこで母親《ははおや》は子《こ》どもたちに自信《じしん》をつけさせるように、上手《じょうず》に狩《か》りを教《おし》えていくのです。こっそり自《じ》分《ぶん》で捕《つか》まえた小《ちい》さな獲物《えもの》を、殺《ころ》さずに弱《よわ》らせてから、子《こ》どもの見《み》える場所《ばしょ》に放《はな》して仕留《しと》めさせます。あたかも子《こ》どもが、自分《じぶん》ひとりの力《ちから》で仕事《しごと》を成《な》し遂《と》げたかのように演出《えんしゅつ》するのです。

このように〝新入社員《しんにゅうしゃいん》（子《こ》ども）〟に手柄《てがら》をつくることで自信《じしん》をつけさせて、仕事《しごと》の喜《よろこ》びを教《おし》えます。成功《せいこう》を体験《たいけん》させて、〝ほめて伸《の》ばす〟コーチングを実践《じっせん》しているのです。このような教育方針《きょういくほうしん》によって、会《かい》社《しゃ》にたとえるならば「ほめる組《そ》織《しき》風《ふう》土《ど》」が広《ひろ》がっていきます。

リーダー論《ろん》　福利厚生《ふくりこうせい》

類人猿《るいじんえん》のボスの行動《こうどう》に社長《しゃちょう》のあるべき姿《すがた》を学《まな》ぶ

ニホンザルやチンパンジーのボスをトップとした社会構造《しゃかいこうぞう》は有名《ゆうめい》ですが、〝ボス〟という呼《よ》び名《な》とは裏腹《うらはら》に、群《む》れのリーダーには、経営《けいえい》センスのある、実《じつ》に有能《ゆうのう》な者《もの》が選出《せんしゅつ》されています。

何《なん》でもボスが仕切《しき》っていると誤解《ごかい》している人《ひと》が多《おお》いですが、エサを食《た》べる順番《じゅんばん》の作法《さほう》はあるものの、ボスがエサや群《む》れのメスを独《ひと》り占《じ》めすることは決《けっ》してありません。

ボスは、争《あらそ》い事《ごと》を嫌《きら》い、ケンカの仲裁《ちゅうさい》をし、天敵《てんてき》が来《き》たときは、まず群《む》れの先頭《せんとう》を切《き》ってひとりで真《ま》っ先《さき》に死《し》を覚悟《かくご》して飛《と》んで行《い》き、群《む》れの全員《ぜんいん》を守《まも》ろうとします。そんな〝社員思《しゃいんおも》いの良《よ》い社長《しゃちょう》〟というのが、ボスの実像《じつぞう》なのです。ケンカが強《つよ》いだけでは、リーダーになれないのは動物《どうぶつ》の世界《せかい》でも同《おな》じなのです。

労働時間《ろうどうじかん》　多様《たよう》な働《はたら》き方《かた》

ミツバチが実践《じっせん》している働《はたら》きやすい職場《しょくば》づくり

ミツバチのコロニーは分業《ぶんぎょう》が進《すす》んだ社会《しゃかい》で24時間営業《じかんえいぎょう》です。働《はたら》き蜂《ばち》は不眠不休《ふみんふきゅう》で働《はたら》いていると思《おも》いきや、個々《ここ》の働《はたら》きバチが連続《れんぞく》して働《はたら》くのは6〜8時間程度《じかんていど》となっており、うまいシフト制《せい》で労働時間《ろうどうじかん》の偏《かたよ》りと残業《ざんぎょう》が発生《はっせい》しないような高度《こうど》な仕組《しく》みになっています。働《はたら》きバチは、その名前《なまえ》に反《はん》して、決《けっ》して働《はたら》き過《す》ぎることはないのです。

ただし、ミツバチのコロニーは、99.9%《パーセント》が働《はたら》きバチで構成《こうせい》されていて、すべてメスです。少数《しょうすう》ながらオスが存在《そんざい》しますが、女王《じょおう》バチとの生殖《せいしょく》をするという短時間労働《たんじかんろうどう》をするだけで、花《はな》の蜜《みつ》をとりに行《い》かないのはもちろん、巣《す》の掃除《そうじ》など一切《いっさい》の仕事《しごと》をしません。働《はたら》けない者《もの》だけでなく、働《はたら》かない者《もの》も進化的《しんかてき》に淘汰《とうた》されずに、生《い》きていくことが許《ゆる》されているということです。

育児制度《いくじせいど》

保障制度《ほしょうせいど》

定年延長制度《ていねんえんちょうせいど》

様々《さまざま》な動物《どうぶつ》たちが働《はたら》きやすさを追求《ついきゅう》している

コウテイペンギンにはクレイシという保育園《ほいくえん》があり、親《おや》がエサをとりに行《い》っている間《あいだ》に、若鳥《わかどり》がまとめてヒナの面倒《めんどう》を見《み》る制度《せいど》があります。

ミーアキャットやカワウソなどは、家族《かぞく》の絆《きずな》が強《つよ》く、長女《ちょうじょ》などが赤《あか》ちゃんの子守《こもり》をします。

スズメなど身近《みぢか》な鳥《とり》でも、未婚《みこん》の若鳥《わかどり》に、育児《いくじ》を助《たす》けるヘルパーが存在《そんざい》します。このように出産《しゅっさん》しても働《はたら》き続《つづ》けられる育児《いくじ》サポート制度《せいど》が充実《じゅうじつ》している動物《どうぶつ》たちもいます。

また、オオカミやリカオンなど、群《む》れをつくるイヌ科動物《かどうぶつ》は、ケガを負《お》った者《もの》や、年老《としお》いて動《うご》きが鈍《にぶ》くなったり、働《はたら》けなくなった者《もの》は、リーダーが役割《やくわり》を変《か》えて負担《ふたん》の少《すく》ない仕事《しごと》を与《あた》えています。

このように群《む》れの中《なか》で、仕事量《しごとりょう》が少《すく》なかったり、働《はたら》かなかったりする者《もの》を排除《はいじょ》したり、エサを食《た》べさせなかったりするということはありません。

例《たと》えどんなことでも“働《はたら》ける”ということは、誰《だれ》かの役《やく》に立《た》つことであり、それだけで実《じつ》に幸《しあわ》せなことですね。仕事《しごと》を探《さが》すには、業種《ぎょうしゅ》や給料《きゅうりょう》だけでなく、その会社《かいしゃ》の福利厚生《ふくりこうせい》や企業理念《きぎょうりねん》など、「自分《じぶん》に合《あ》った働《はたら》き方《かた》ができるか」という視点《してん》を持《も》つことも大切《たいせつ》です。みなさんの健闘《けんとう》をお祈《いの》り申《もう》し上《あ》げます。　就職課《しゅうしょくか》（キャリアセンター）より

動物《どうぶつ》インデックス

ア

アイアイ……103・111
アカゲザル……146・162
アカハライモリ……146
アジアゾウ……148
アネハヅル……107・172
アフリカゾウ……159
アマガエル（ニホンアマガエル）……142・146
アマツバメ……164
アマミホシゾラフグ……73・84
アメーバ……146
アライグマ……174
アリ……146
アルパカ……111
イヌ……74・116・117
イノシシ……31・148
イベリアトゲイモリ……146
イルカ……158
インカ犬《けん》……147
インドサイ……148
インドハナガエル……141
ウーパールーパー……112
ウシ……51・111
ウズラ……146
ウニ……146
ウマ……148
エリマキシギ……108
エリマキトカゲ……111
オオアルマジロ……150
オオカバマダラ（幼虫《ようちゅう》）……146
オオカミ……51・78・111
オオヤマネコ……51
オトシブミ……168
オナガ……184
オランウータン……110・131

カ

カイコ……146
カエル……146
ガウル……171
カケス……167
カスザメ……153
カタツムリ……146
カナブン……51
カブトムシ……74・95
ガマアンコウ……146
カラカル……173
カラス……16・136
カラスアゲハ……16
ガラパゴスゾウガメ……52
カワウソ（オオカワウソ）……87
カワゴンドウ……26
カワセミ……64
カンムリカイツブリ……61
キジ……122・148
キジオライチョウ……14・56
キツツキ……41
キングコブラ……35
キンチャクガニ……43
菌類《きんるい》……146
クズリ……19・63
クマバチ……146
クマムシ……146
クモ……146
クリスマスアカガニ……119
クロオオアリ……50
クロクマ……16
クロソラスズメダイ……25
クロヒョウ……16
クロヤマアリ……16・70
グンカンドリ……12・44
グンタイアリ……118
コイ……146
コウテイペンギン……128・134・188
コオロギ……146
コガタコガネグモ……139
コガネグモ……12・138
ゴキブリ……146
コクヌストモドキ……146
コトドリ……37
ゴリラ……103・148・178
コンドロクラディア・リラ……13

サ

サーバル……19・52
サザエ……48
ササゴイ……27
ザトウクジラ……102
サバクトビバッタ……143
サムライアリ……17・70
ザリガニ……59・73
サンゴヘビ……29
シェパード……116
シデムシ……160
シバンムシ……161
シミ……77
ジャイアントパンダ……15・36・111
シャカイハタオリ……92
ジャコウウシ……11
ジャコウネコ……66
シャチ……18・79・183
ショウジョウバエ……146
シロサイ……114
シロナガスクジラ……52
シロフクロウ……17
スズガモ……154
スズメ……188
スターゲイザー（ノーザンスターゲイザー）……18・85
スローロリス……97
ゼブラフィッシュ……146
線虫《せんちゅう》……146
ソードテール……146

タ

タスマニアデビル……16
タテガミオオカミ……15・106・112
タマシギ……179
タマムシ……65
ダンゴムシ……17・46・133
タンチョウ……148
タンビカンザシフウチョウ……54・112
チーズバエ……146
チーター……112・186
チワワ……117・134
チンパンジー……120・147・187
ツキノワグマ……137
ツチブタ……140
ツバメ（アフリカコシアカツバメ）……115
テッポウウオ……182
テナガザル……170
デメニギス……82・133
テングザル……51
トックリバチ……86

動物《どうぶつ》インデックス

ドブネズミ……146
トラ（ベンガルトラ）……130・148
ドングリキツツキ……72・169

ナ
ナイルワニ……176
ナキウサギ……74・156
ナナフシ……146
ナマケモノ……51
ニジキジ……148
ニシキヘビ……83
ニホンザル……12・74・80・110・187
ニワシドリ……42
ニワトリ……148
ヌー……155
ネコ……146
ネズミ……148
ネムリユスリカ……146
ノミ……146

ハ
バイカルアザラシ……144
ハエトリグモ……112
ハキリアリ……24・132
パグ……14・117
ハクチョウ……17
バクテリア……146
ハクトウワシ……165
ハクビシン……34・73
ハシビロコウ……14・98
ハダカデバネズミ……52・88
ハト……148
ハナアブ……69
ハナカマキリ……68
ハムスター……50
ヒアリ……145
ビーバー……40・132
ヒグマ……30・50
ヒト……184
ヒバリ……96
ヒマラヤタール……148
ヒメアカタテハ（幼虫《ようちゅう》）……146
ヒョウ……186
フクロテナガザル……111
フジツボ……52
ブチハイエナ……100
ブラインシュリンプ……146
ブラックバック……148
フラミンゴ……32
フンコロガシ……38
ベルーガ……17
ベルツノガエル……45・72
ベローシファカ……38
ホッキョクグマ……17
ボノボ……112・121・148・180

マ
マイコドリ……104
マイマイガ……146
マヌルネコ……152
マルミミゾウ……123
マンボウ……11
ミーアキャット……151・188
ミイデラゴミムシ……67・133
ミールワーム……146
ミツバチ……52・92・124・187
ミニチュアダックスフント……117
ミルクヘビ……28
メダカ……146
モンシロチョウ……17

ヤ
ヤギ……50・76
ヤク……148
ヤドカリ……49
ヤドリバチ……146
ヤマアラシ……57
ヤマジャコウジカ……148

ラ
ラーテル……62
ライオン……50・72・126・148
ラッコ……58
リカオン……188
リス……17・166
リスザル……146
レッサーパンダ……111
レミング……52
ロシアリクガメ……16・109・146
ロボロフスキーハムスター……177

ワ
ワカケホンセイインコ……94
ワタボウシタマリン……60
ワライカワセミ……18・99・101・110
ワラジムシ……47

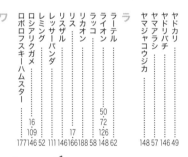

お仕事《しごと》インデックス

ア
IT《アイティー》サービス……12・44・72
アイドル……105
あかすりエステ……153
アクティブ・レンジャー（自然保護官補佐《しぜんほごかんほさ》）……136
アスレチックトレーナー……170
アナウンサー……14・18・98
医師《いし》……147
イラストレーター……73・84
飲食店経営《いんしょくてんけいえい》……34・73
インテリアコーディネーター……42
宇宙飛行士《うちゅうひこうし》……146
運送業《うんそうぎょう》……168
運転士《うんてんし》……162
エステティシャン……152
SP《エスピー》（要人警護《ようじんけいご》の私服警官《しふくけいかん》）……35
エッチな仕事《しごと》……180
お笑《わら》い芸人《げいにん》……18・100

カ
介護施設《かいごしせつ》……159
害虫駆除業者《がいちゅうくじょぎょうしゃ》……18・99
科学者《かがくしゃ》……12・138
カジノディーラー……176
歌手《かしゅ》・ミュージシャン……102
カメラマン……82・133
管理栄養士《かんりえいようし》……32
気象予報士《きしょうよほうし》……142
ギタリスト……103
脚本家《きゃくほんか》……18・78
ギャング……183
ギャンブラー……176
教師《きょうし》……72・126
銀行員《ぎんこういん》……156
金融業《きんゆうぎょう》……74・156
警察官《けいさつかん》……14・74・116・134
芸能《げいのう》マネジャー……104
建設業《けんせつぎょう》……40・132
検察官《けんさつかん》……122
工員《こういん》（工場勤務《こうじょうきんむ》）……97
広告代理店《こうこくだいりてん》……12・74・80
講師《こうし》……85
公務員《こうむいん》……124
殺《ころ》し屋《や》……182

サ
裁判官《さいばんかん》……122
サッカー選手《せんしゅ》……38
サラリーマン……185
しいたけ栽培《さいばい》……137
自衛隊《じえいたい》……118
システムエンジニア……46
自然保護官補佐《しぜんほごかんほさ》……136
ジュエリーデザイナー……64
手芸品職人《しゅげいひんしょくにん》……177
主夫《しゅふ》・主婦《しゅふ》……33・179
消費者金融《しょうひしゃきんゆう》……157
消防士《しょうぼうし》……114
食品《しょくひん》メーカー……92
書店員《しょてんいん》……45
数学者《すうがくしゃ》……138
スポーツ選手《せんしゅ》（アスリート）……172・173・174
政治家《せいじか》……65・120
清掃業《せいそうぎょう》……47・91・130
製造業《せいぞうぎょう》（住宅《じゅうたく》）……48
整体師《せいたいし》……83
声優《せいゆう》……37
接客業《せっきゃくぎょう》……34・166・178・180
ゼネコン……92
洗濯屋《せんたくや》……174
総合商社《そうごうしょうしゃ》……88・90
葬祭業《そうさいぎょう》……67・160

タ
大学教授《だいがくきょうじゅ》……12・85・138
ダンサー……108
チアリーダー……43
畜産《ちくさん》……28
地質調査員《ちしつちょうさいん》……140
調香師《ちょうこうし》……66
調理師《ちょうりし》……30
ツアーガイド……155
ツアーコンダクター……154
通訳《つうやく》……147
テレビ局《きょく》……74・94
天文学者《てんもんがくしゃ》……18・85
陶芸家《とうげいか》……86
時計職人《とけいしょくにん》……161
登山隊《とざんたい》……172
土木業《どぼくぎょう》……123

ナ
ネイルアーティスト……19・62
農業《のうぎょう》……24・31・95・132・143

ハ
配達員《はいたついん》……72
廃品回収業《はいひんかいしゅうぎょう》……131
俳優《はいゆう》……106
パイロット……164
パティシエ……69
ハングレ集団《しゅうだん》……19・63
反社会的組織《はんしゃかいてきそしき》……18・79
販売員《はんばいいん》……166
美容師《びようし》……58・73
ファッションデザイナー……14・56
ファッションモデル……54・107
ブライダルコーディネーター……158
フラワーデザイナー……68
フリーター……59
古本屋《ふるほんや》……77
プロアングラー（釣《つ》り人《びと》）……27
ブロガー……155
プログラマー……46・133
プロ野球選手《やきゅうせんしゅ》……174
ヘアメイクアーティスト……60
弁護士《べんごし》……122
編集者《へんしゅうしゃ》……76
保育士《ほいくし》……90・128・134
冒険家《ぼうけんか》……144
ホステス……179
ホスト……178
ボディビルダー……171
ホテル業《ぎょう》……150
ボランティア……184

マ
マッサージ師《し》……152
ものまね芸人《げいにん》……37

ヤ
YouTuber《ユーチューバー》……13・36・109
郵便局員《ゆうびんきょくいん》……115
幼稚園教諭《ようちえんきょうゆ》……128

ラ
ライター……76
酪農《らくのう》……28
ラジオ局《きょく》……96
理容師《りようし》……58
漁師《りょうし》……26・29・61・87・174
猟師《りょうし》（ハンター）……173
旅行代理店《りょこうだいりてん》……154
林業《りんぎょう》……119

著者紹介《ちょしゃしょうかい》

新宅《しんたく》広二《こうじ》

1968年《ねん》生《う》まれ。専門《せんもん》は動物行動学《どうぶつこうどうがく》と教育《きょういく》工学《こうがく》で、大学院修了《だいがくいんしゅうりょう》後《ご》、上野動物園《うえのどうぶつえん》、多摩《たま》動物公園《どうぶつこうえん》に勤務《きんむ》。その後《ご》、東南《とうなん》アジア、ヒマラヤ、アフリカ、オーストラリアなど国内外《こくないがい》のフィールドワークを含《ふく》めて400種《しゅ》類以上《るいいじょう》の野生動物《やせいどうぶつ》の生態研究《せいたいけんきゅう》や飼育方法《しいくほうほう》を修得《しゅうとく》。狩猟免許《しゅりょうめんきょ》も持《も》つ。大学《だいがく》でも20余年教鞭《よねんきょうべん》をとり、キャリア教育《きょういく》の指導《しどう》も担当《たんとう》。ネイチャー・ドキュメンタリー映画《えいが》、ドラマ、アニメ、動物園《どうぶつえん》、博物館《はくぶつかん》、図鑑《ずかん》など監修多数《かんしゅうたすう》。近著《きんちょ》『すごいぜ!!動物《どうぶつ》スポーツ選手権《せんしゅけん》』(小社《しょうしゃ》刊)他《ほか》。

イラスト　イシダコウ

デザイン　髙垣智彦（かわうそ部長）

DTP　株式会社センターメディア

編集　高橋淳二・野口武（JET）

校正　くすのき舎

企画・進行　木村俊介・中嶋仁美（辰巳出版）

動物たちのハローワーク

2020年7月1日　初版第1刷発行

著　者　新宅広二

発行人　廣瀬和二

発行所　辰巳出版株式会社

〒160−0022

東京都新宿区新宿2−15−14　辰巳ビル

電話 03-5360-8956（編集部）

03-5360-8064（販売部）

http://www.TG-NET.co.jp

印刷・製本　図書印刷株式会社

本書へのご感想をお寄せください。また、内容に関するお問い合わせは、お手紙かメール（info@TG-NET.co.jp）にて承ります。
恐縮ですが、電話でのお問い合わせはご遠慮ください。

ISBN 978-4-7778-2499-1　C8045